◁ 원경
울릉도로 귀향하면서 바라본 독도의 여름 바다. 옅은 해무로 독도가 희미하게 보인다. 좌로부터 탕건봉·대한봉 (20170805)

△ 독도호와 독도 전경
가제바위에는 배를 대기가 무척 어렵다. 파도와 물살이 거의 없는 날만 배를 댈 수 있다. 지금은 없어진 독도호와 서도 탕건봉·대한봉·물골 계곡이 보인다. (20060824)

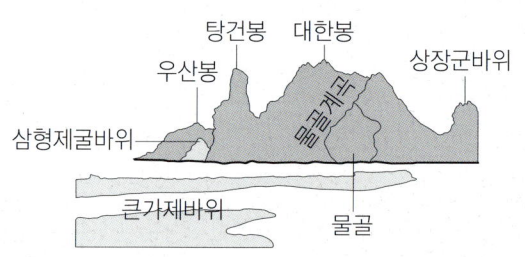

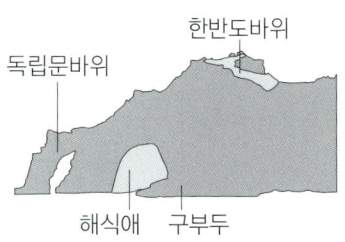

▽ 구(舊)부두 바다 전경

구(舊)부두는 옛날에 사용하던 접안시설로 이곳에 배를 대고 한반도바위로 오르는 계단 길을 이용하여 독도등대로 올라갔다. 좌로부터 독립문바위·해식애·구부두·한반도바위 (20180428)

▷ 탕건봉

서도 물골 계곡 앞 탕건봉(100.6m) 정상부 주상절리에 하트 모양으로 자생하는 사철나무이다. 오후에 해가 잠깐 드는 곳으로, 사철나무 줄기가 북서 방향으로 자란다. (20150921)

◁ 동도와 서도 전경
독도의 동쪽 바다에서 촬영 (좌로부터 독립문바위 · 우산봉 · 삼형제굴바위 · 대한봉 · 상장군바위) (20180428)

▽ 동도와 서도 전경
동도 구(舊)부두 바다에서 본 동서도 전경, 좌로부터 망양대 · 독도등대 · 전망초소 · 우산봉, 대한봉 · 탕건봉으로 3개의 봉우리가 겹쳐 보이는 전경 (20180428)

1. 독도 전경

'이 사진이 독도이다'라고 부를 사진 한 장을 찍기 위하여 2005년부터 독도 전경 사진을 셀 수 없이 촬영하였다. 동쪽 섬 · 서쪽 섬을 한 장의 사진으로 담기에는 섬이 크고 넓다. 전체를 촬영하기엔 헬리콥터나 드론까지 투입해야 하지만, 필자의 촬영 장비와 기술로는 많이 미흡했다. 독도는 검은 화산암으로 이루어진 섬으로 어느 면에서 찍어도 결과물이 어두워 지형적인 특징을 살려 찍기에 어려움이 많았다. 필자는 달리는 고무보트나 범선을 타고 섬 주변을 돌며 광각렌즈 등으로 촬영하였으며 그 중 '이곳이 독도이다'라고 나름 자부할 수 있는 전경 사진 몇 점을 소개한다.

Ⅰ. 독도 사진전

독도 전경
고(故) 김성도 이장의 고무보트를 타고
먼바다로 나가서 독도 서도와 동도를
남쪽에서 바라본 전경 (20170801)

방문하듯이 식사를 같이하게 되었다. 지면을 통해서 늦은 감사를 드린다.

〈독도 지도를 왜 만들었나〉 지도(地圖)는 땅의 문서이다. 지도는 자연 지리와 인문 지리로 나누는데, 자연 지리는 위성사진으로 누구든지 그릴 수 있으나 지명과 지적 등 인문 지리가 들어간 지도가 있어야 소유권을 주장할 수 있다. 일본도 독도 지도를 만들었지만, 자연 지리만 그린 지도를 배포하고 있다.

〈땅이름으로 보는 독도〉 이 장에서 소개한 사진은 좋은 사진보다는 지명 내용과 일치하는 사진을 선택하였다.

〈연구 논문 8편〉 연구 과제를 정하여 독도 현장에서 살펴보고 발표한 8편의 독도 학술 논문은 모두 학술지에 수록한 것이다. 이 책에서는 원문을 전부 수록할 수 없어 요약본으로 짧게 소개했다. 1편의 미발표 논문도 소개했다.

〈바다에서 일출 촬영〉 독도 일출·전경 사진은 대부분 김성도 이장님 보트에 승선해 찍은 사진이다. 새벽에 방어나 문어를 잡기 위하여 고무보트를 운항한다. 이때 독도 구석구석의 사진을 찍었다. 보트의 속도가 빠르고, 흔들리며 수면과 가까워 바닷물을 뒤집어쓰기가 다반사였다. 또, 일정한 사진을 얻기 어려워 여러 해 동안 다니면서, 아쉬운 장면을 하나둘씩 보완하였다.

〈국가의 지원 여부〉 17년간의 독도 현지답사는 전액 저자 개인 비용으로 다녔다. 울릉도 배표는 울릉도매니아의 도움을 받았고, 독도관리사무소와 문화재청·독도등대·독도경비대의 협조로 독도 현지 조사를 수월하게 하였다.

〈대한봉〉 독도에 3개의 봉우리가 있어 일명 삼봉도라고도 불렀다. 이중 탕건봉(100.6m)만 이름이 있고 나머지 봉우리는 이름이 없었는데 2007년 5월 11일 서도 부두에서 저자가 서도 대한봉(168.5m)과 동도 일출봉(98.6m)이라 이름을 지었다. 일출봉은 2012년 10월 28일 국토해양부 국토지리정보원 국가지명위원회에서 우산봉(于山峯)으로 이름을 바꾸어 제정하였다.

〈조사의 어려운 점〉 독도에는 그늘이 없어 전망대나 약간 그늘진 곳에 앉아 쉬면, 악마보다 더 무서운 '깔따구'가 손가락·손목·발목 등을 물고 간다.
 깔따구는 너무 작아 직접 눈으로 보지 못하였고, 날아다니는 소리가 나지 않아 언제 물고 갔는지 알 수 없다. 하루 정도 지나면 온몸이 가렵고 피가 나도록 긁어서 진물이 흘러 무척 고통스럽다. (깔따구를 직접 보지 못하여 이것이 깔따구라고 말할 수 없다. 전 매일신문 전충진 기자가 형광등 갓 속에서 죽은 작은 곤충을 돋보기로 보았는데, 침이 고리처럼 생겼다고 증언하였다.)

〈독도 교육〉 인간의 고정관념은 무의식이 의식을 지배하는데, 일부 학자들이 독도에 가 보지도 않고 뉴스나 입으로 전해진 이야기를 그대로 무의식적으로 '작은 바위 두 개·암초·돌섬' 등으로 표현하고 있다. 독도는 식생과 환경 면에서 일반 섬이나 같으며, 크기는 축구장 26개의 면적인 섬으로 암초가 아니다. 저자는 현지 조사를 바탕으로 초·중·고 학생들과 공무원 및 일반인을 상대로 독도의 실상을 제대로 알리는 강의를 하고 있다.

〈독도 사랑상, 대통령 표창〉 동북아역사재단에서 독도사랑상(2019년 1월 16일)을, 국가기록원 추천으로 대통령 표창(2020년 12월 23일)을 수상했다.

〈저자가 바라는 것〉 먼 훗날 후학들에게 이 독도연구 자료가 우리 영토 주권을 지키는 소중한 길잡이로 남길 바란다.

이 책을 만들면서….

저자가 2005년부터 2022년까지 17년간 매년 한두 차례 3~5일씩 대략 90일 정도 독도에 입도하여 현지 조사·취재·사진 촬영한 것을 주제별로 정리하여 공식 사진전을 3차례 열었다. 그동안 사진 도록 한 권 없이 독도 사진전을 열었으나 이번에 한 권의 책으로 편찬하게 되었다.

1차, 국화꽃 향기 가득한 독도 사진전(서울 광화문 중앙광장, 2014년 9월 25일~27일)

2차, 천혜의 비경 독도 사진전(서울시교육청 본관 서울교육갤러리 1층~3층, 2018년 6월 4일~22일)

3차, 한국의 아름다운 섬 독도 1박 2일 사진전(서울시교육청 본관 서울교육갤러리 1층, 2020년 3월 15일~4월 16일)

이 책에 수록된 사진은 1차·2차·3차 사진전에 전시된 사진들을 주제별로 분류하여 실었다. 어떤 사진은 중복된 느낌을 줄 수 있지만 독도의 또 다른 모습을 보여주기 위하여 선택했다. 수록된 사진 일부는 용도에 맞게 부분적으로 편집하였다. 또, 독자들에게 독도가 우리 땅이란 관점에 그치지 않고, 독도는 사람이 사는 보통의 섬, 삶과 문화가 숨 쉬는 섬인 점을 사실대로 전하려고 하였다.

독도는 우리나라 일반 보통의 섬과 마찬가지로 자연경관이나 식생 측면에서 다른 점이 없고, 생명수인 우물이 있으며 사계절 꽃이 피고 나무가 푸르게 자란다. 온갖 새가 둥지를 틀고 생명을 잉태하며, 바람과 파도가 몰려와 깎고 빚어낸 천혜의 비경을 간직한 섬이라는 것에 중점을 두고 편집하였다.

지난 17년간, 기록한 자료와 독도 사진을 주제별로 정리·선별하는 과정은 무척이나 고된 작업이었다. 또, 답사 초창기(2005년~2010년)에는 디지털카메라보다는 필름카메라를 이용하여 슬라이드 필름(3×4, 6×7)으로 촬영하였는데, 최근 사진을 원색 분해하여 디지털화하는 작업이 어려워, 이 책에 소개할 수 없어 무척 아쉽다.

〈이 책의 의미〉 저자가 2005년부터 17년간 찍은 사진과 연구한 자료를 한 권의 책으로 내는 것에 대해 무척 망설였으나, 우리나라의 모든 국민과 세계 여러 나라에 독도의 실상을 밝혀 독도가 대한민국 영토임을 바로 알리기 위하여 그동안 찍은 사진과 연구한 자료를 한 권의 책으로 내게 되었다.

〈처음에 어떻게 독도에 가게 되었나〉 2005년 2월 22일 일본 시마네현에서 다케시마의 날을 제정하고, 독도가 일본 땅이라는 허위 사실을 적시해 일본 학교에서 교육하면서, 무단침탈의 역사를 반성하지 않고 오히려 이를 정당화하려는 태도에 분개하여, 독도 지도 제작과 현지 조사를 시작하였다.

〈오래된 사진 사용〉 답사 초기에 찍은 사진은 거칠고 투박하지만 한 눈에 독도의 구석구석을 이해하고 사실을 볼 수 있도록 의도하였으며, 예술성을 추구하기보다는 사실을 왜곡 없이 전달하는 데 목적을 두었다. 매년 독도가 변화하는 과정을 그대로 알리고자 노력하였다.

〈같은 제목 중복 게재〉 지역에 따라 해가 잠깐 들어오고, 시간이 조금만 늦어도 지형적 특징을 살리기가 매우 어렵다. 특히 가파른 절벽과 검은 화산석, 태양의 각도 등으로 검고 어두운 사진만 찍힌다. 그 때문에 같은 장소에서 방향·계절별 변화 등을 고려하여 중복된 느낌이 있더라도 여러 장을 소개했다.

〈현지 조사〉 답사는 3박 4일 기준으로 준비하였다. 생수·식량·카메라 등 먹는 문제는 본인이 해결해야 한다. 파도가 치면 유람선이 독도에 접안하지 못하여 14일간 독도에 머문 적도 있다. 점심으로 베이글 빵을 챙겨가는데, 3일 정도 지나면 상하여, 곰팡이 핀 부분을 잘라내고 먹기도 했다. 여러 해 독도를 다니며 조사하다 보니 김성도·김신열 이장님 부부와 친해져 친척 집

독도 사랑 위대한 발자취

채바다

독도의 아침은 겨레의 가슴
東海의 거친 파도 넘나들면서
어언 10여년 그대 발자취
東島 西島 4界를 한눈에 보니
독도 사랑 壯하다 나의 兄弟여!
온 몸으로 달려간 그대의 熱情
뉘라서 따르랴 독도 사랑을

겨레의 첫 아침 밝아 오는 곳
이 나라 起床을 우리 다 함께
동포의 가슴마다 울려 퍼져라
보아라 자랑스런 겨레의 燈臺
우리 모두 지켜야할 領土 아니냐
온 몸으로 앞 장선 나의 형제여!
(2014년 9월 20일 성산포에서)

안동립 독도 사진전에 붙이는 축하 詩
채바다 (탐험가, 시인)
선생님은 고대해양탐험가, 시인으로 전통 배인 떼배(테우)를 타고 대한해협을 세 번이나 건너신 분입니다. 2022년 11월 고인이 되신 채바다 님의 영면을 빕니다.

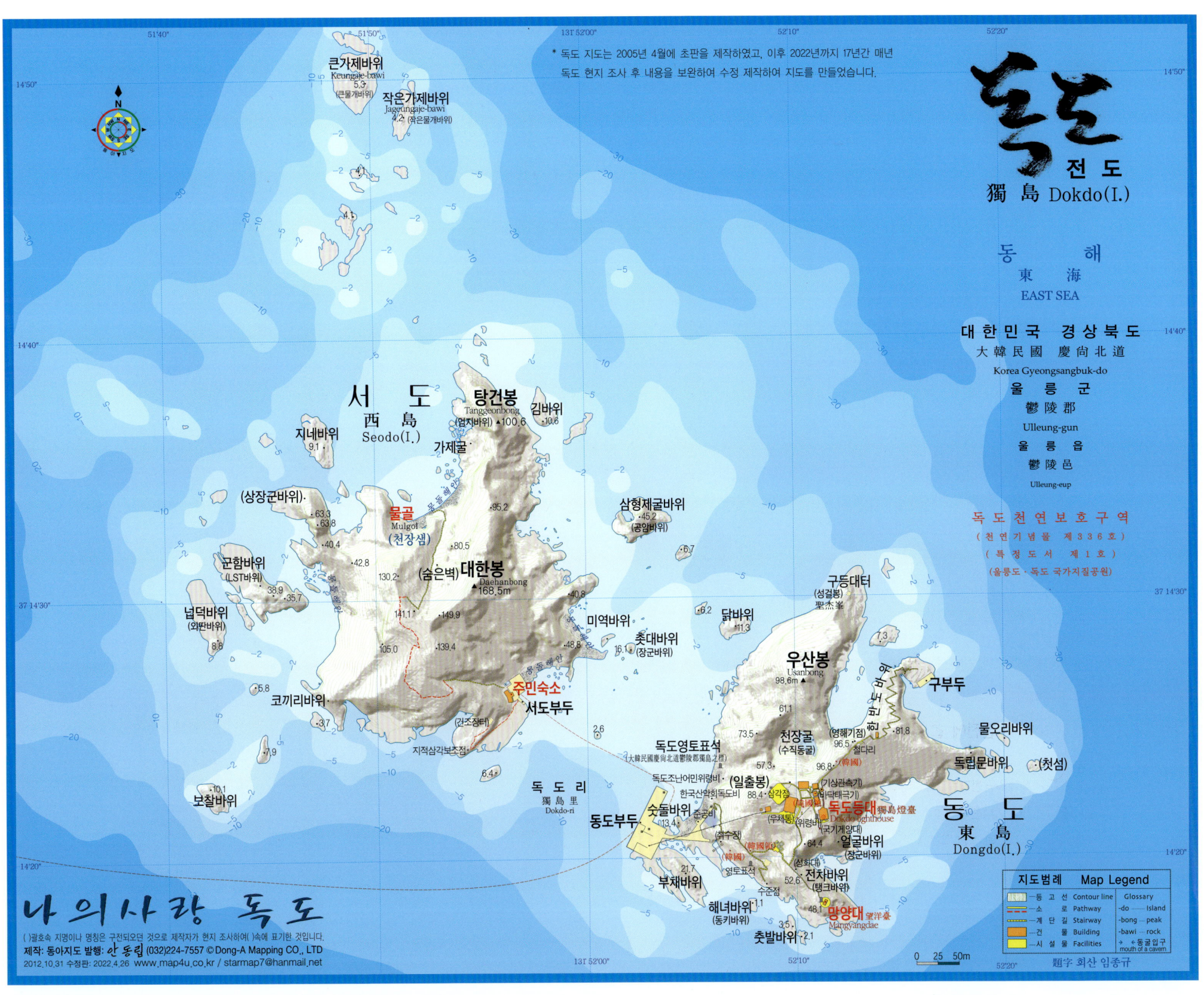

(20120907)

차례

발간사 · 추천사 · 100자 추천사 ········ 2~5

차례 ································· 6~7

독도지도 · 축하시 ···················· 8~9

이 책을 만들면서... ················· 10~11

I. 독도 사진전

1. 독도 전경 ························· 12~19
2. 먼동 ······························ 20~29
3. 해돋이 ···························· 30~41
4. 해넘이 ···························· 42~47
5. 저녁노을 ·························· 48~53
6. 별 헤는 밤 ························· 54~65
7. 파도 ······························ 66~73
8. 동물 ······························ 74~87
9. 식물(독도 식생지도) ··············· 88~103
10. 독도의 겨울 ······················ 104~107
11. 독도의 땅이름 ···················· 108~173
12. 독도에 가면 ······················ 174~185
   1) 독도에 사는 사람들의 일상생활 ··· 186~188
   2) 독도에 있는 여러 가지 표식 ······ 189~191
   3) 독도의 지질과 암석 ·············· 192~195

II. 우리 영토 연구 논문 (요약본)

1. 독도 지명 연구 ···················· 108~173
2. 독도에 새겨진 암각 글자의 분석과 영토 인식 ······· 198~201
3. 독도의 산사태 지점 현황 및 변화 양상 ········· 202~203
4. 독도의 동굴 분포와 지형적 특성 ··· 204~208
5. 독도 주변의 바위섬(암초) 분포와 지도 제작 실태 분석 ···· 209~213
6. 안용복의 울릉도 도해 및 도일 경로에 대한 비판적 고찰 ··· 214~215
7. 독도에 새겨진 한국 한국령 암각문의 주권적 의미와 보존 방안 ···· 216~217
8. 안용복의 도일 선박 복원에 관한 비판적 고찰 ········· 218~219
9. 최초의 독도 등대 이름 연구 ········ 220~222

III. 부록

1. 11번째 독도 탐방기 ················ 223~231
2. 독도의 일반현황 ··················· 232~233
3. 내 친구 김현성의 독도 찬가 ········ 234
4. 안동립의 독도 이야기 축하 시(이일걸) ···· 235
5. 이 책을 만드는데 후원해 주신 분들 ··· 236~237
6. TV 뉴스 · 신문 보도 · 독도 수호 활동 ···· 238~239

들이 있을 때, 전 세계에 대한민국 영토라는 것을 주지시킬 수 있다. 이 책을 통하여 청소년에게 알리는데 큰 의미를 부여한다. 안동립 작가는 우리의 역사에 점 하나를 찍은 사람이다. 〈**오순희**, 생태역사문화연구소 대표〉

독도는 일본의 한반도 침탈 과정에서 강점당한 대한민국의 영토로 우리 영토 주권의 상징입니다. 그러나 일본의 왜곡된 초등 교과서를 통과시켜 국민을 분노하게 했습니다. '독도지킴이' 안동립 작가가 17년간 찍은 독도 사진을 바탕으로 만든 '독도 KOREA'는 우리 영토와 역사를 사랑하는 사람이라면 추천해줄 만한 책이다. 시민들이 여건상 독도를 직접 방문하지 못하더라도 사진집을 통해 우리 영토에 대한 관심과 사랑의 마음을 가득 채우길 바랍니다.
〈**유기홍**, 국회의원 관악갑, 국회 교육위원장〉

난 때때로 동해, 망망대해 그 한없는 깊이 속에 박혀있는 돌섬을 떠올린다. 자연의 외로움에 역사의 소외까지 덧붙여진다면 얼마나 외로울까? 가늠조차 할 수 없는 외로움과 삭히기 힘든 불안감들을 떠올리면 달려가고 함께하고 싶다. 안동립 그는 지도제작자, 역사탐험가, 사진작가까지 겸하게 됐다. 오랜 기간 독도를 찾아 외로움 달래주는 벗이 되어주었고, 근황을 알려 주었다. 안동립 그가 마침내 독도의 실재를 한꺼번에 보여주는 한 권의 책을 만들었다. 이제 우리는 독도의 실존을 조금 더 체험하고, 더 애정을 갖고 뭔가 더 해야지 하는 발심 또 할 수 있게 되었다. 참 고마운 일이다.
〈**윤명철**, 동국대 명예교수, 한국해양정책학회 부회장〉

안동립 작가는 2005년부터 2022년까지 17년간 일 년에 2~3회씩 총 90회 이상 독도를 찾아 지리 조사와 사진을 찍었다. 대한민국에서 독도를 가장 많이 방문한 사진작가이고 지도제작자이다. '독도 KOREA' 안동립의 독도이야기 사진첩은 진정한 독도의 보고서이다.
〈**이상태**, 한국영토학회 회장〉

어디에 내놓아도 손색이 없는 안동립의 '독도 대한민국' 의 출간을 축하한다. 안동립은 2005년부터 독도에 입도하여 90일 정도 체류하면서 오늘에 이르기까지 많은 우여곡절을 겪으면서, 저자의 눈으로 바라보고 조사 기록하였고, 마음으로 느낀 독도를 한 권의 책으로 발간하게 되었다. 이 책은 대한민국의 영토 독도 수호와 독도 이해에 매우 큰 자산이고, 후세에 길이 남을 안동립의 독도이야기를 발간에 이르기까지 안동립의 고뇌에 찬 열정과 노력에 아낌없는 축하와 격려를 보낸다. 〈**조홍기**, 전 강남구청 안전교통국장〉

안동립 사장은 나와 지도제작회사에 함께 근무했으며, 그 뒤 민간 최초로 독도 지도를 제작하면서 십수 년 간 독도에 들어가 독도 구석구석을 샅샅이 조사하고 사진을 촬영했습니다. 독도의 지명을 정리하고, 서도와 동도 최고봉에 대한봉(大韓峰)이란 이름을 붙이고, 9편의 논문도 작성했습니다. 이제 그간의 활동을 정리하여 독도의 귀중한 연구 사진집을 펴내게 되었습니다.
〈**최선웅**, 한국지도제작연구소 대표〉

독도 곳곳에는 우리 민족의 땀과 혼이 서려있다. 그 독도를 안동립 대표가 온몸으로 기록했다. 저자는 십수년간 독도를 다니며, 직접 보고 듣고 느끼고 생각한 것을 사진과 글로 기록했다. 이 책을 통해 독도에 서려있는 우리 민족의 땀과 혼뿐만 아니라 독도가 주는 자연의 경이로움도 경험할 수 있길 기대한다. 〈**홍성근**, 동북아역사재단 연구위원, 독도학회장〉

독도는 맑은 날 울릉도에서 보면 또렷이 보인다. 근래 일본은 엄연한 우리 영토를 교과서에 실으며 억지 주장을 하고 있다. 안동립은 긴 시간을 들여 독도 전역을 샅샅이 조사하며 손으로 바위와 몽돌, 풀꽃을 쓰다듬고, 자생하는 동식물 자료를 모아 논문과 지도에 수록하였다. 이는 나라를 사랑하는 마음이자, 남들이 감히 독도를 넘보지 못하게 대못을 박은 것이다.
〈**황영원**, 수필가, 그래픽디자이너〉

100자 추천사

　독도는 우리 민족의 영원한 영토이며 보배이다. 안동립 선생의 17년간 독도 발자취를 담은 '독도 KOREA' 책 발간 소식은 기쁘기 한량없다. 안동립 선생은 이미 독도지도 및 고조선의 강역과 요하문명지도 등을 펴내, 우리 강토에 대한 영토 사랑을 가르쳐 주신 분이다. 사진 하나하나에 배여 있는 노고와 애국심을 생각하면 심장이 뜨겁게 요동친다. 나는 지증왕 52세 손으로 안용복 장군 가문 후손의 독도 책 출판 소식을 접하면서, 역사를 관통하는 인연의 깊은 의미를 새롭게 새긴다. 이 책이 독도에 대한 국민의 관심과 사랑을 불러일으키는 계기가 될 것이다. 〈**김봉우**, 독도본부 의장〉

　안동립 선생이 앵글에 담은 독도의 사계절과 독도의 구석구석 수 세기를 관통하며 독도가 우리나라의 영토임을 보여 주는 사적들과 한민족의 삶의 흔적들은 경이로움 그 자체입니다. 이 책에 담긴 방대한 사진 자료들은 문화인류학적 관점에서 독도를 연구하는 데도 유용한 가치를 지니고 있습니다. 책장을 넘길 때마다 독도의 바람 소리, 괭이갈매기의 화음, "쏴쏴 달각달각" 몽돌 해안의 파도 소리, 독도 대한봉 해국의 은은한 꽃내음이 고스란히 느껴지는 듯합니다. 국토 수호와 동해의 안전을 위해 복무하는 독도 경비대와 독도 등대의 불빛을 담은 사진도 인상적입니다.
〈**김용범**, 독도의 가장 동쪽 무명 바위에 '첫섬' 지명 부여를 제안한 국민〉

　처음 이 책을 접한 순간, 2014년 독도를 처음 방문하던 때의 감동이 떠올랐다. 독도 동도 부두에 배를 댄 순간, 함께 했던 이들 모두 가슴이 벅차올라 한동안 서로 말을 잇지 못했다. 독도는 우리에게 그런 곳이다. 국토 동쪽 끝에 외로이 떨어져 있어 평소엔 쉽게 찾을 수 없는 곳, 그렇지만 한국인의 가슴마다 독도가 살아 숨 쉬고 있다. 지도제작자이자 독도 연구가인 안동립 선생이 지난 2005년부터 최근까지 독도 구석구석을 직접 돌아보며 촬영하고, 조사하고, 연구한 결과가 이 한 권의 책에 오롯이 녹아 있다. 누구도 해내지 못할 엄청난 열정과 노력에 큰 박수를 보낸다. 책을 덮은 후에도 독도의 여운이 오래도록 남는다. 〈**김의승**, 서울특별시 행정1부시장〉

　이 책을 연 순간 감동이었다. 갈피마다 한 세계가 열리고 있었다. 신비의 땅, 한국의 얼이 새겨진 땅, 독도가 눈앞에 생생하게 펼쳐지고 있었다. 우리 땅 독도에 대한 지리적·생태환경적 그리고 역사적 자료로서 비견될 수 없는 역작이라 생각되어, 이를 위해 17년간 각고의 노력을 쏟아낸 안동립 대표의 헌신과 열정에 찬사를 드린다. 〈**백종인**, 전북대학교 명예교수〉

　2022년 여름 일본 "영토주권전시관"을 관람하였다. 첫 입구에 '전시 목적'을 이렇게 쓰고 있다. "일본 영토이면서 주권의 일부를 사실상 행사하지 못하는 곳이 두 곳 있는데 북방영토와 다께시마(竹島=독도) 입니다. 모두 한 번도 다른 나라 영토가 된 적이 없는 일본의 고유한 영토입니다." 전시에서는 한국이 1953년부터 실력행사로 불법 점거하고 있다고 선전하고 있다. 실제 한국이 "실효 지배"는 인정하고 있다. 그러므로 실효 지배를 단단히 하고 그 증거를 쌓아야 하는데, 이번에 출간하는 '독도 KOREA'은 그 단단한 밑돌이다.
〈보정 **서길수**, 고구리·고리연구소 이사장〉

　지도제작자로 독도를 오랫동안 기록하며 연구 매진해 온 안동립 대표 경북 의성 출신의 장한상(張漢相) 공을 연상하게 한다. 삼척첨사 장한상은 '안용복 피랍' 이후 수토사로 1694년 9월 울릉도를 방문하여 섬 주변을 조사하는 한편 성인봉에 올라 동쪽으로 독도를 직접 바라보았다는 것을 그의 『울릉도사적』에 기록으로 역사적인 근거로 남게 될 것이다. '독도 KOREA' 이책 또한 이처럼 소중한 자료가 될 것이다. 〈**안종화**, 의성향토문화연구소장〉

　'독도 KOREA' 책을 낸 안동립, 그의 업적은 누구도 하지 못했던 일을 해낸 장한 사람이다. 말로만 '독도는 우리 땅' 이라고 해 봤자 자기네 땅이라고 주장하는 저들에게 먹히지 않는다. 안동립처럼 독도를 기록으로 남기려는 사람

추천사

　지도 제작자이며 독도 연구가인 안동립 선생은 지난 2005년부터 2022년까지 17년간 매년 한두 차례 3~5일씩 대략 90일 정도 독도에 입도하여 체류하면서 독도의 모든 구석을 완벽하게 현지 조사하였습니다. 우리나라의 동쪽 끝 대한민국의 영토 독도를 깊이깊이 사랑하는 사람만 할 수 있는 일입니다.

　그는 현지 조사를 통하여 바위 하나, 꽃 한 송이도 꼼꼼하게 기록하고, 계절에 따라 변하는 독도의 아름다운 모습을 촬영하였습니다. 그는 이번에 그 사진들을 간추려서 한 권의 책으로 편찬하였습니다. 그리고 독도 현장을 살펴보고 발표한 8편의 학술논문을 요약하여 수록하였습니다. 그는 이 책을 통해 다음의 특징을 강조하면서 일본의 독도 영유권 주장이 허구임을 증명하고 있습니다.

　첫째, 일본이 독도를 다케시마(竹島) 즉 대섬이라고 불렀지만, 독도 식생 지도 제작으로 대나무나 산죽이 없다는 것을 확인하여, 일본이 붙인 지명 '다케시마'가 허구라는 것을 증명하였습니다.
　둘째, 독도에 사람이 살면서 바위에 쓴 글자는. 모두 한국인이 암각한 것이고, 일본 사람 이름이나 글자 등의 내용이 전혀 없는 것으로 보아 일본 사람들이 독도에서 살지 않았다는 것을 확인하였습니다.
　셋째, 섬의 조건인 주민, 우물(샘), 자생하는 사철나무를 확인하여, 암초가 아닌 섬이라는 걸 증명하였습니다.
　넷째, 독도 동굴 21개를 탐방 조사한 자료는 독도를 관광 자원으로 새로이 조명하는 지평을 열었습니다.
　다섯째, 서도 산 이름을 대한봉이라고 짓고, 지명을 연구한 것은 영토 보존 측면에서 의미가 있습니다.
　여섯째, 학술지에 등재한 독도 연구 논문 8편은 학문적으로도 귀중한 가치가 있습니다.

　독도연구가, 지도제작자 그리고 사진작가이기도 한 안동립 선생이 정리한 이 책은 우리 영토 독도 수호와 독도 이해에 매우 큰 자산의 하나라고 생각합니다. 이 책을 통하여 독자들께서는 독도의 아름다운 참모습에 놀라움을 느끼며 독도를 깊이 이해하시게 될 것이라고 확신합니다.

2023년 3월 추천인 신용하
(독도학회 명예회장, 서울대학교 명예교수, 대한민국학술원 회원)

발간사

　망망대해에 우뚝 솟아있는 독도의 부두에 내릴 때마다 필자는 늘 이런 상상을 해봅니다. 이곳에 방파제와 항구를 건설하여 대형 크루즈 선박이 정기적으로 기항하게 되고, 독도가 우리 국민 누구나 편안하고 안전하게 갈 수 있는 국민 관광지가 되는 미래에 대한 상상 말입니다. 또 드론 충전소가 생겨서 전 세계인이 찾아오는 최첨단 스마트 섬으로 개발되어, 독도가 우리 영토임을 전 세계인에게 확실히 각인시키는 꿈을 꿉니다.

　독도를 이루고 있는 섬의 바위 하나, 꽃 한 송이라도 꼼꼼하게 기록하여, 연구 논문을 쓰고 관련 자료는 매년 수정·보완·발표하였습니다. 17년의 긴 세월 동안 우여곡절도 많았으나 항상 기쁜 마음으로 조사하고 기록하다 보니, 제 눈에는 독도가 살아 숨쉬는 자연사 박물관이고 생생한 역사의 현장이었습니다.

　이 책의 발간을 기점으로, 그 동안 제 개인의 영역에 놓여 있던 독도 연구가 여러분과 역사의 몫이 되리라고 생각합니다. 사진작가가 아닌 지도제작자·독도 연구가가 사진첩을 낸다는 것이 많이 망설여지는 일이었지만, 주변 지인들께서 "안동립의 독도 이야기 출간 추진위원회"를 결성하여 집필을 독려해 주신 덕분에 용기를 낼 수 있었습니다. 그동안 연구한 자료와 사진을 하나하나 정리하는 일이 고단한 작업이었지만 즐겁고 행복한 시간이기도 했습니다.

　안동립의 독도 이야기에는 일본이 독도를 일본 땅이라 주장하는 것이 허구임을 분명히 증명하는 사진과 자료, 요약된 논문을 한데 수록하였습니다.

　이 책을 통하여 독도의 모습을 제대로 알 수 있는 계기가 되고, 우리 땅 독도의 영토 주권을 지키는 데 조금이라도 보탬이 되길 바랍니다.

2023년 6월 부천에서 안 동 립

한국인이 가장 가고 싶어 하는 섬 1위 독도 KOREA

안동립의 독도 이야기 2005~2022

동아지도

2. 먼동

괭이갈매기는 잠을 자지 않고 밤새 울어댄다. 주민 숙소 아래로 이어진 수중동굴로 밀려 들어오는 파도에 몽돌 굴러가는 소리(쿠르릉 쾅, 쏴)가 함께 저음으로 들려와 밤새 뒤척이다가, 알람소리에 선잠에서 깨어나 눈을 비비며 일어난다.

구석에 두었던 카메라를 둘러메고 일출 사진을 찍으러 나간다. 어둑어둑한 하늘을 보면서 사진 찍을 곳을 찾는다. 하늘을 보며 날이 좋아지길 기도하지만 밀려오는 파도와 구름, 해무, 바람이 오늘의 일출 장면을 결정한다. 평온한 바다 너머 물안개 사이로 먼동이 먹구름과 함께 검붉은 핏빛 향연을 펼치며 온 누리에 서서히 피어난다. 차가운 새벽 바다를 온기로 감싸는 장엄한 광경을 독도에서 마주하니 꿈꾸듯 감회가 새롭다. 이 새벽이 지나면 새날이 밝아 우리나라 삼천리 방방곡곡에 더없이 풍요롭고 행복해지길 빌어본다.

그러나 태양이 매일같이 멋들어진 광경을 보여주지는 않는다. 적절한 바람과 함께 파도, 구름이 흘러가는 날이면 멋진 풍광을 볼 수 있지만 대개는 구름 한 점 없이 밋밋하게 태양이 쑥 올라오던지, 해무로 뿌옇게 동이 터오다가 카메라 렌즈에 짠 습기만 서려 놓고 허무하게 사라지고는 한다. 이처럼 아름다운 먼동과 일출을 보기란 쉽지 않은 일이기에, 저자가 독도에 가면 날씨와 관계없이 새벽에 카메라를 메고 나가 태양을 향해 셔터를 누른다.

◁ **동도의 여명**

동해로 떠오르는 태양이 먹구름 사이로
아름답게 피어 오른다. (20080808)

◁ 동도의 여명

서도 주민 숙소에서 본, 촛대바위로 피어오르는 여명은 짙은 구름에 싸여 일출을 보여줄듯 말듯 피어오르다 구름 속으로 사라진다. (20180430)

◁ 폭풍

독도로 몰려오는 가을 폭풍이 여명과 함께 구름을 타고 거칠게 밀려온다. (20150924)

▷ 동·서도의 먼동

밤새 불던 바람으로 바다를 건너온 먹구름이 켜켜이 쌓인 곳도, 태양의 따스한 기운에 어느새 자리를 내어준다. 동도 헬리콥터장에서 본 동·서도의 여명 (20200723)

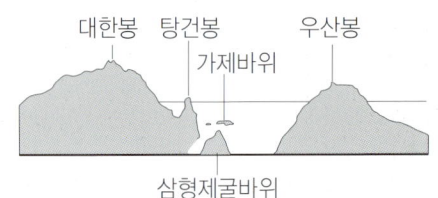

◁ 운해
아침 햇살에 동도 우산봉과 포대 사이로 피어
오르는 운해가 장관을 이룬다. (20200723)

▽ 여명
동도 포대 능선으로 먹구름과 함께 피어오르는
여명이 환상적이다. (20200723)

◁ 먼동

바닥태극기로 떠오르는 태양. 먼동에 비친 바다의 물빛과 구름이 붉게 물들어 온 누리를 아름답게 비춘다. 포대 능선과 방사능 측정기·바닥 태극기·기상관측기 (20200723)

◁ 먼동

범선을 타고 일본으로 갔던 안용복 장군의 항로를 탐사하기 위하여, 범선 출항 전 독도에 1박을 하면서 일출 위치를 자세히 살펴보고, 이후 삼척시 정라항으로 돌아와 범선을 타고 다시 18시간 항해하여 만난 독도의 먼동이 장관이다. (20170805)

▷ 동도의 여명

4월의 독도 바다는 난류와 한류가 교차하여 거친 파도가 몰아치며 바람이 분다. 이런 날이면 며칠간 서도 주민 숙소에 고립된다. 촛대바위로 피어오르는 여명 (20180430)

3. 해돋이

아침을 여는 섬 독도! 애국가 연주 화면에 장엄하게 떠오르는 일출 장면을 실시간으로 동해 한 가운데서 직접 보면 감격 그 이상이다. "보라! 동해에 떠오르는 태양" 노래가 절로 나온다. 황금빛으로 일렁이는 바다에 방어가 무리 지어 다니고 괭이갈매기, 황로, 바다제비의 비상에 파도도 덩달아 춤을 춘다.

먼동이 피어오르면 김성도 이장님의 방어잡이 준비로 서도 부두가 분주해지며 활기가 넘친다. 고무보트 앞에 타고 자리를 잡는다. 김 이장은 보트로 섬 사이를 이리저리 돌면서 낚시로 방어를 잡는다. 보트의 앞쪽은 넘실대는 파도에 바닷물을 뒤집어쓰며, 동해에서 떠오르는 감격스러운 일출을 가슴에 품는다. (2018년 10월 고인이 되신 김성도 이장님의 영면을 빈다.)

독도는 계절에 따라 해가 뜨는 위치가 다르다. 4월~6월은 촛대바위 뒤쪽에서 해가 떠서 일출 사진을 찍기에 무척 좋으나, 7월~10월은 태양이 동도 뒤로 숨어버려 서도 주민 숙소 쪽에서 일출을 찍으려면 대한봉 능선으로 올라가야 한다. 삼각대를 들고 대한봉의 가파른 계단을 오르기도 어렵지만 올라가서 일출 장면을 찍어도 동도에 태양이 걸리지 않고, 먼바다에서 해가 둥실 떠오르다 구름 사이로 숨어 버린다. 내일을 기약하며 허무하게 내려와야 한다.

동도에서 보는 일출은 높은 곳에서 바다로 떠오르는 태양을 볼 수 있어, 사진을 찍는 장소마다 멋지게 해돋이 장면을 보여주어 장관이다.

◁ 해돋이
동도 정상부 포대 능선 길로 힘차게
떠오르는 태양 (20200723)

이 한 장의 사진을 찍기 위하여….

독도 동도와 서도 사이로 떠오르는 일출을 찍기 위하여 2005년부터 여러 번 시도하였다. 독도에서 움직이려면 고인이 되신 김성도 이장님의 고무보트를 이용하여야 하는데, 여러 가지 어려움이 있었다. 고무보트는 바람과 조류, 너울성 파도로 흔들려 정상적인 사진을 찍기 어렵고 바닷물을 뒤집어쓰기 일쑤다. 또 동도와 서도가 막혀 있어, 촬영 높이가 수면에 가까워 수년간 여러 번 사진 촬영 시도를 하였으나 실패하였다. 그러던 중 삼척시 이사부기념사업회에서 동해 해상항로 탐사를 하는데, 범선 코리아나호를 이용하게 되어, 정채호 선장님께 연락하여 범선 운항과 촬영 일정을 협의하였다.

독도에서 해 뜨는 위치를 정확히 알기 위하여, 사전에 독도 현지를 조사하기로 하고, 범선 출항 3주 전부터 독도 입도 신청하여 허가를 받고, 2017년 7월 31일~8월 2일까지 2박 3일간 독도에 머물며, 일출 위치를 자세히 살펴보았다. 대략 독도의 서북쪽 해상 1km 지점이 촬영 장소로, 빛이 지나가는 경로상의 높이를 보면, 구 등대 터와 닭바위 11m, 촛대바위 16m, 건조장 터 13~20m로, 촬영 고도 4m 정도면 적당할 것 같았다.

8월 2일 독도에서 울릉도 사동항, 강릉항을 거쳐 삼척시 정라항

8월 3일 정라항에서 범선 코리아나 호를 타고 18시간의 항해 끝에, 2017년 8월 5일 새벽 일출 한 시간 전에 독도 근해까지 갈 수 있었다. 미리 봐두었던 해역에서 범선을 여러 번 미세하게 움직여 해가 뜨는 일직선에서 30여 분 기다리니 먼동과 함께 동서도 사이로 태양이 잠깐 모습을 보여 주고, 동도 뒤편으로 숨어 버린다.

아! 감격스러운 순간이다. 나는 몇 년간 여러 번 촬영을 시도하여 이날에야 동서도 사이로 떠오르는 일출 사진 한 장을 찍었다. 이전에도 범선에서 여러 차례 촬영을 시도했는데, 배의 속도가 빠르지 않아 바람과 해류의 영향으로 일출 시각에 도착할 수 없었고 또, 흐리고 비 오는 날까지 겹쳐 일출 장면을 제대로 못 찍었는데, 드디어 하늘이 열려 긴 기다림 끝에 이 한 장의 사진을 찍을 수 있었다. 그 뒤 이렇게 소중한 사진을 데이터로만 저장해 둔 채 잊고 있었는데, 2021년 말 자료를 찾는 중 우연히 발견하여 세상에 나오게 되었다.

[독도 현지 조사 일정]

1일 차(2017년 7월 31일) : 집(부천시) 출발(03:00)→강릉항 씨스타 3호 출항(07:30)→울릉도 저동항 도착(11:00)→저동항 출항(12:30)→독도 도착(14:20), 서도 주민 숙소(1박)

2일 차(8월 1일) : 일출 위치 확인, 서도 주민 숙소(2박)

3일 차(8월 2일) : 독도 출항(16:00)→울릉도 저동항→강릉항 도착(17:30), 강릉시(3박)

4일 차(8월 3일) : 삼척시 정라항, 범선 코리아나호(17:30), 범선(4박)

5일 차(8월 4일) : 삼척시 정라항, 범선 코리아나호 출항(10:00)→독도 (18시간 항해), 범선(5박)

6일 차(8월 5일) : 04:30 독도 근해 도착→일출 촬영(05:27 범선 코리아나호 선상)→독도 출항(09:00)→울릉도 저동항 도착(16:00), (6박)

7일 차(8월 6일) : 울릉도 저동항 출항(05:20)→삼척시 정라항 도착(16:00)→집(부천시) 도착(24:00)

▷ **악어바위 일출**
동도 한반도바위에서 구(舊)부두 가는 길 계단으로 내려가는 길목에 있는 악어바위의 일출 (20060825)

▷ **포대능선 일출**
"보라! 동해에 떠오르는 태양" 동해 저 너머로 장엄하게 떠오르는 독도의 일출은 온 세상을 감싸며 우리에게 큰 감동을 준다. (20200723)

◁ **일출이 반영된 독도**
일출이 반영된 독도는 황금빛으로 빛난다. 독립문바위·한반도바위·우산봉·삼형제굴바위·대한봉·탕건봉·상장군바위 (20170805)

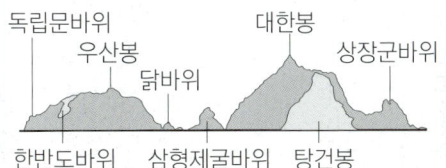

◁ 촛대바위 일출

촛대바위 정상으로 촛불처럼 떠오른 태양 (20140519)

◁ 촛대바위 실루엣

서도 부두에서 본 촛대바위 뒤로 떠오르는 일출과 황로의 실루엣 (20140518)

▷ 촛대바위 일출

태양은 매일 떠오르지만, 해무와 안개, 구름 때문에 멋진 일출은 자주 볼 수 없다. 촛대바위의 실루엣 (20070511)

◁ 보라! 동해에 떠오르는 태양
독도 동도에 설치된 대포는 그 자체로 우리 영토 주권의 상징이다. 대포에 평화롭게 앉아있는 괭이갈매기와 힘차게 떠오르는 태양 (20200723)

▷ 독도 가는 길
범선 코리아나호가 밤새도록 항해했지만, 해류의 영향으로 일출 시각이 지나서 18시간 만에 독도 근해에 도착하였다. 멀리 독도가 보인다. (20200717)

▽ 탕건봉 일출
김성도 이장의 보트에서 본 탕건봉. 바다로 떠오르는 일출 (20120907)

▷ 우리 땅 지킴이

지금은 고인이 되신 독도 주민 김성도 이장님은 낚시로 방어를 잡으셨다. 일출 때 방어가 잘 잡혀, 날이 좋으면 방어를 잡으러 새벽같이 부두에 올려두었던 배를 내려 바다로 나가곤 했다. (20131018)

◁ 등대의 아침 풍경

포대 능선 길에 있는 철다리에서 본 독도등대, 아침 햇살에 비친 동도 정상부는 평온하다. (20200723)

╱ 일출이 비친 망양대

2018년 10월 고인이 되신 김성도 이장님의 방어잡이 가는 고무보트에서 촬영한 사진, 독도가 일출을 반사하여 황금빛으로 물들어 찬란히 빛난다. (20120907)

▽ 일출이 비친 서도

일출 무렵 동도에서 본 서도는 태양이 비쳐 황금빛으로 빛나고 대한봉의 힘찬 기상이 돋보인다. (20200723)

4. 해넘이

    독도의 해넘이는 해돋이 못지않게 장관을 이루다가 바닷속으로 엄숙히 잠겨들어간다. 새벽부터 종일 뙤약볕을 뛰어다니다 보면 먼바다에서 물살이 바뀌고, 잔잔하던 바다가 일렁이며, 하늘에서 한줄기 찬바람이 불어온다.

    해가 서쪽 바다로 서서히 내려가면, 지리 조사하던 일정을 멈추고 동도에서 서도로 건너가야 하고 때로는 대한봉 능선에서 빠르게 내려와야 한다. 울릉도가 보이는 건조장 터에 삼각대를 설치하고 해넘이 사진 몇 장 찍으며 바다를 둘러본다. 분주하게 날던 괭이갈매기의 울음소리도 잦아들고 적막이 흐르는 고요한 바다에 해가 먹구름 사이로 장엄하게 떨어지는 모습을 바라보며 하루의 일정을 마무리한다.

    독도에 어둠이 내리면 더 이상 갈 곳도 없고 할 일도 없다. 축 처진 발걸음으로 숙소에 들어와 악마보다 더 무서운 깔따구에 물린 손가락이 간지러워 피가 나도록 긁는다.

◁ **서도의 석양**
서도로 지는 태양이 대한봉 능선에 걸려있다.
일출이나 석양은 적당한 구름과 파도, 바람이
조화를 이루어야 아름다운 장면을 볼 수 있다.
(20080808)

◁ 온누리에 평화
서도 대한봉 능선에서 울릉도 방향으로 본 석양, 먹구름 사이로 비춰 온누리에 찬란히 빛난다. (20131016)

◁ 서도 석양
비행기가 지나간 흔적이 저녁 노을에 길게 꼬리를 내민다. 동도 헬리콥터장에서 본 서도의 석양 (20060824)

▷ 해넘이
서도 건조장터에서 울릉도 방향으로 본 보찰바위 바다 석양, 코끼리바위의 실루엣 (20120906)

△ 석양이 비친 동도

독도는 화산암으로 검은색이지만, 일출과 일몰 시 독도는 황금빛 장관을 연출한다. 독도 서도 건조장 터에서 본 동도 (20120907)

◁ 탕건봉 해넘이

범선 코리아나호에서 본 서도 탕건봉의 석양 (20220804)

◁◁ 독도에서 본 울릉도

독도와 울릉도의 거리는 87.4km로 멀어 보이지만, 맑은 날과 저녁때 동도 망양대에서 서도 보찰바위 방향으로 바라보면 울릉도가 잘 보인다. (20140518)

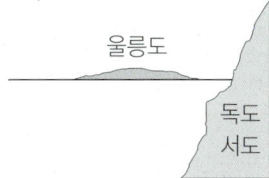

5. 저녁노을

　독도 서도의 최고봉 대한봉(大韓峯) 너머 먹구름 사이로 노을이 내려앉으면, 웅장하고 힘차 보였던 독도가 붉게 물든 노을로 아름답다. 거세게 몰아치던 바람과 파도에 분주하게 날던 괭이갈매기도 둥지를 찾아간다. 실낱같은 한줄기 붉은빛이 사라지고 사방에 어둠이 내리면, 세상 모든 잡념이 사라지고 마음이 평화로워진다. 내일 또 무슨 일이 있을지 기대하면서 "황혼이 질 때면 생각나는 그 사람" 유행가 가락을 읊조리며 하루를 마무리한다.

◁ 불타는 저녁노을
독도 최고봉 대한봉(大韓峯)으로 붉게 물든 저녁노을은 해풍과 구름으로 시시각각 변하는데, 이렇게 멋진 저녁노을은 처음 보았다. 동도 정상부 헬리콥터장에서 본 서도 석양 (20200722)

◁ 투영

서도 주민 숙소 부두 앞바다에 투영된 동도 부두. 물에 비친 석양이 평온하다. 좌로부터 숫돌바위·서도 부두의 쇠말뚝(Bollard)·부채바위·삭도 케이블 (20170801)

▷ 저녁노을

동도 얼굴바위 바다에서 본 석양. 망양대와 전차바위, 동도를 오르는 계단의 그림자가 뚜렷하게 보인다. (20220804)

◁ 독도에서 본 울릉도

울릉도와 독도의 거리는 87.4km이다. 해무가 없이 맑은 날, 동도 망양대 부근에서 서도 건조장 터 방향으로 보면 울릉도가 잘 보인다. (20200722)

울릉도

독도
서도

6. 별 헤는 밤

안용복 장군의 도일 해상 루트 탐사를 위해, 3차에 걸쳐 범선 코리아나호로 독도를 항해하였다. 범선 항해는 칠흑같이 어두운 밤바다에서 파도를 헤치고 망망대해를 건너는 두려움을 이겨내야 한다. 밤바다로 쏟아지는 별을 바라보며 옛날 안용복 장군께서 일본 에도막부에 항의 방문하기 위해 칠흑 같은 밤바다에서 오직 별을 좇아 큰 바다 동해를 건넜던 용기를 생각해 본다.

동해 밤의 물빛은 하늘색을 닮아 칠흑같이 어두워 별이 뚜렷하게 보이나 배가 좌우, 앞뒤로 흔들려 사진 촬영이 어려워 눈에 담을 수밖에 없다. 별은 내 눈 속에서 초롱초롱 빛난다. 몽골 초원보다 두 배 정도 별이 밝고 많다. 멀리 어선의 불빛이 희미하게 보이다가 사라지고 울릉도 근해를 지나면서 밝아졌다가 다시 암흑의 세상으로 변화하는 가운데 범선은 독도로 간다.

독도에 어둠이 내리면 발전기 소리가 요란하게 울려 퍼지고 주민 숙소와 독도등대에도 불이 밝아진다. 독도에는 대한봉과 우산봉이 가파르게 솟아있어 하늘을 보는 각도가 좁아 전체를 볼 수 없어 안타깝고 간접 조명으로 별이 조금 덜 보인다. 게다가 낮부터 피신해있던 어선과 고깃배들이 몰려와 어화를 밝히면 독도 주변으로 빛이 난반사되어 별 사진 찍기에 여건이 좋지 않다. 어느새 불빛이 떠난 칠흑 같은 밤바다에 분주하게 돌아가는 등댓불만이 독도를 지키고 있다.

◁ 달과 등댓불
동도에 보름달이 뜨면 밤바다가 대낮처럼 밝아지고, 달빛에 구름이 흘러간다. 분주하게 돌아가는 등댓불과 파도 소리가 정겹다. (20140515)

◁ **등댓불**
독도등대에서 쉼 없이 돌아가는 등댓불이 밤바다에 훤히 비춘다. 발전기실·철탑 (20131014)

◁ **어화**
독도 부두 근해에서 대낮같이 불을 밝히고 조업하는 어선들 (20180427)

▷ **어화**
독도의 여름 바다에는 어선의 불빛으로 밤새도록 불꽃이 핀다. (20200722)

◁ 춤추는 등댓불
독도등대는 동해를 지나는 어선과 선박의 길잡이로, 칠흑 같은 밤바다에 등댓불이 휘영청 춤을 춘다. (20200722)

△ 등댓불
동도 정상부에 있는 독도등대는 우리나라 가장 동쪽에 있는 3층 집이다. 헬리콥터장에서 본 독도등대의 야경으로, 송신탑과 어선의 불빛이 보인다. (20200722)

독도등대
경상북도 울릉군 울릉읍 독도이사부길 63번지에 위치하며, 1954년 8월 무인등대로 처음 점등되어 운영하던 중 1998년 12월 선박의 항해안전과 독도에 대한 중요성이 증대됨에 따라 대한민국 정부가 파견한 국가 공무원이 상주해 관리하는 "유인 등대"로 포항지방해양수산청에서 관리하고 있다.

◁ 만월에 비친 동도

촛대바위와 동도 사이로 보름달이 떠올라 밝게 빛나고 검푸른 밤바다 품에 안긴 독도등대가 항해에 지친 선원들에게 희망을 던져주고 있다. (20081016)

◁ 별과 등댓불

여름 밤바다에 칠흑 같은 어둠이 내려앉아 파도 소리만 철썩 들리는데 서도 주민 숙소 불빛에 비친 동도의 야경 (20060824)

▷ 별 헤는 밤

등댓불의 영향으로 선명한 별을 보기 어렵지만, 서도 대한봉으로 수만 개의 별이 쏟아진다. (20150921)

▷ 구(舊) 주민 숙소 야경
재건축으로 새 건물이 지어지기 전, 서도 구(舊) 주민 숙소의 모습이다. (20081016)

◁ 어화에 비친 동도
어선들이 탕건봉 근해에 접근하여 조업 중이다. 불빛이 동도에 반사되어 대낮처럼 밝다. (20170801)

▷ 주민 숙소 야경
2018년 새로 지은 주민 숙소 3층에는 김성도 이장 부부가 살았고, 게스트룸에는 허가된 방문객의 숙소이다. 2층에는 울릉군 독도관리사무소와 119구조구급대 사무실로 대한민국 정부가 파견한 국가 공무원이 상주하여 근무하고 있다. (20120906)

△ 대한봉의 별 운행 궤적
독도의 밤은 등댓불과 조명 때문에 별 사진을 찍기가 어렵다. 서도 대한봉 야경을 일정한 시간 간격으로 여러 장 촬영하여 별의 궤적을 연결한 사진 (20150922)

▷ 동도의 별 운행 궤적
독도 서도 부두에서 동도의 야경을 일정한 간격으로 여러 장 촬영하여 별 궤적을 연결하면, 황도를 기준으로 남북으로 궤적이 돌아간다. 왼쪽 아래의 밝은 빛은 어선이 지나가며 수평선을 밝게 비춘 것이다. (20180428)

7. 파도

　동해 큰 바다에 옹기종기 모여있는 작은 섬 독도는 사방 수백 킬로미터를 겹겹이 감싼 검푸른 바닷물 가운데서 쉼 없이 몰려오는 계절풍과 파도를 온몸으로 맞는다. 이리저리 몰려다니던 파도는 독도 해변에 사정없이 제 몸을 내던지고 하얀 물거품으로 부서지며 사라진다. 그 파도를 따라온 생명이 알을 품고 생명을 잉태한다. 독도는 하늘이 베푼 땅이자 자원의 보고이다.

　평소에는 실바람에 밀려오던 낭만적인 파도가 어느 틈엔가 거센 광풍을 떠안고 거칠게 달려오면, 섬 전체가 바람과 파도의 굉음으로 가득차고 괭이갈매기도 두려움에 떠는 듯 높이 날아오른다.

　독도는 두 개의 큰 섬이 바람과 파도를 막아주는 천혜의 자연 항구이다. 독도 근해에 바람이 세차게 불면 어부들은 바람이 부는 방향 반대편 바다에 닻을 내리고 파도가 잦아들 때까지 피항한다.

◁ **파도** : 4월의 바다는 봄바람을 타고 남풍이 몰려와 무척 거칠고 파도가 세다. 서도에서 본 동도 숫돌바위와 부채바위. 동서도 사이로 몰려오는 파도가 거칠게 몰아친다. (20180429)

▽ **파도** : 바람이 불고 파도가 치면 유람선이 오지 못하여 독도는 고립이 되지만, 어선은 바람의 방향 반대쪽에서 고기를 잡는다. (20180429)

▽ 물골의 거센 파도
서도 물골은 북풍이 조금만 불어도 거친 파도가 몰려와 물골 해변에 부딪힌 파도의 굉음과 함께 큰 몽돌이 굴러다니는 소리에 귀가 먹먹해진다. (20140516)

▷ 북풍
동도와 서도 사이로 밀려오는 거센 파도로 인하여 며칠이나 서도 주민숙소에 고립되었다. (20131016)

▷ 동도와 서도 사이 바다

동도 몽돌해변에서 본 서도 탕건봉과 촛대바위·삼형제굴바위·닭바위의 정취가 아름답다. (20140518)

◁ 동해의 거친 파도

동도와 서도 사이로 몰려온 파도가 서도 몽돌해변에 부서지고, 아침 햇살이 비친 해무가 아름답게 빛난다. (20140518)

▽ 주민 숙소로 몰려오는 파도

독도를 품은 바다 곳곳에서 집채만한 파도가 일어나 서도 주민 숙소로 밀려온다. 파도의 크기와 굉음은 위압적이다. (20131016)

▷ 거칠게 몰려오는 파도
가을 폭풍으로 며칠째 유람선이 출항하지 못하여 독도에 머물고 있었다. 쉼 없이 몰아치는 파도에 독도가 파김치처럼 절여지고 그 속의 식물도 마른 갈색으로 변하고 말았다. 동서도 사이로 거칠게 몰아치는 파도가 닭바위를 넘고 있다. (20131015)

◁ 파도
물골 바다로 파도가 북풍을 타고 거세게 몰려온다. (20140516)

▽ 파도
불어오는 북풍이 거센 파도를 밀고 온다. 가제바위로 넘치는 파도 (20131016)

8. 동물

◁ 공격 대형
서도 대한봉 전망지에서 서쪽 물골로 가는 길 주변에 괭이갈매기가 둥지를 틀고 산란을 한다. 둥지 주변을 지나갈 때, 생선 비린내 나는 배설물의 집단 공격을 각오해야 한다. (20180428)

▽ 군무
동도 포대 능선에 설치된 철 다리 난간에 펼쳐지는 괭이갈매기 군무 (20140518)

독도에 사람보다 많은 포유류를 하나 꼽자면 의외로 집쥐다. 대한봉 능선 수풀 사이로 큰 쥐가 숨을 때는 깜짝 놀란다. 화물선이나, 어선을 타고 온 쥐라고 하는데, 그 수가 너무 많아 가끔 쥐 퇴치 사업을 하여도 박멸하기는 어렵다. 독도에는 다양한 종류의 새들이 산다. 철새들의 이동 중간 기착지로 산란하거나 쉬어가는 장소로 좋은 곳이다. 괭이갈매기, 매, 황로, 왜가리, 바다제비, 참새, 흑비둘기는 해안가에서 텃새처럼 자주 볼 수 있다.

▽ 군무
동도 포대 능선에서 한반도 바위로 가는 길 계단 초입에 있는 바위로, 이 부근에 서식하던 괭이갈매기가 필자가 지나가자, 동해로 힘차게 날고 있다. (20180427)

▷ 비상
괭이갈매기는 산란 중에는 사람이 접근해도 자리를 지킨다. 대한봉 전망지에서 본 동도. 힘찬 날갯짓으로 비상한 괭이갈매기가 동해를 향해 날고 있다. (20180429)

◁ 생명 그리고 삶의 독도

물에 뜨는 해초인 모자반에 꽁치가 낳은 알은 이곳에 서식하는 괭이갈매기에게 풍부한 먹이가 된다. 독도등대와 망양대 주변에서 집단으로 산란하는 괭이갈매기 (20070511)

▷ 물골 바다 풍경

서도 물골 앞에 있는 바위 주변에 먹이를 찾아 몰려든 괭이갈매기 떼. 뒷쪽으로 가제바위가 보인다. (20180428)

▽ 괭이갈매기 서식지

서도 대한봉 능선을 지나 물골 가는 길 언덕에 집단으로 서식하는 괭이갈매기가 공격 대형으로 날고 있다. (20180428)

△ 동행
서도 대한봉 전망지에서 본 동도 전경. 산란 중인 새끼를 보호하기 위하여 괭이갈매기가 집단 공격하는 대형으로 동해를 힘차게 날고 있다. (20180428)

▷ 군무
서도 대한봉 능선 조망지 부근에 집단으로 서식하고 있는 괭이갈매기가 외부인의 침입을 경계하면서 날아올라 장관을 이룬다. (20070511)

◁ 생명 그리고 삶의 독도
서도 몽돌해변 바닷가에 둥지를 튼 괭이갈매기 새끼가 동도를 바라보고 있다. 매년 봄 2월 중순에서 5월 초는 괭이갈매기 산란지로서 섬 전체가 괭이갈매기 둥지이다. (20070515)

▽ 군무
서도 대한봉 능선에 사는 괭이갈매기가 필자의 접근을 피하여 날아가고 있다. (20140517)

▷ 군무
동서도 사이 바다에 있는 촛대바위와 삼형제굴 바위 상공을 힘차게 날고 있는 괭이갈매기 (20200723)

↘ 사랑
서도 물골 계곡으로 내려가는 길에서 본 대한봉 전경 (20140517)

◁ 돌고래

범선 코리아나호를 타고 독도에서 울릉도를 거쳐 삼척시 정라항으로 돌아오는 길에 돌고래 수백 마리가 나타나 범선과 동행하였다. (20170806)

◁ 소쩍새

소쩍새는 멀리 날지 못하여 독도에서 보기가 무척 어려운데 물골에 들어가니 인기척에 놀라 필자를 바라보고 있다. (20070513)

▷ 바닷제비

바다제비는 한반도바위와 물골 계곡 주변에서 땅굴을 파서 둥지를 짖고 집단으로 산다. 둥지 부근에 쇠무릅이란 풀이 많이 자라는데 그 씨앗에는 끈적이고 잘 붙는 성질이 있어 바다제비의 날갯죽지에 달라붙으면 꼼짝 못하게 된다. 결국 죽음의 덫에 걸려 수십 마리가 죽어있다. 최근 쇠무릅 퇴치 사업을 하여 지금은 볼 수 없다. (20131014)

△ 철새

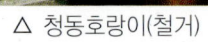
△ 청동호랑이(철거)

△ 거미

△ 후투티 (20150925)

△ 독도 동·서도에는 쥐가 많이 산다. (사진 김현길, 2021)

△ 흑비둘기

△ 독도경비대에서 키우는 삽살개 (20220722)

9. 식물

육지에서 수백 킬로미터 떨어진 자연환경이 척박한 화산섬에 식물이 살까 궁금했는데, 자세히 들여다보면 해풍에 강한 식물들이 많이 자라며 일반 섬과 식생 상태가 동일하다.

수령 130년 된 사철나무는 천장굴과 탕건봉, 숨은벽 주상절리에 집단으로 서식하고 있는데 키가 크지 않고 넝쿨 식물처럼 나뭇가지가 서로 엉켜 자라고 있다. 또, 우리나라 단일 지역에서 해국이 가장 많이 피는 곳이 독도이다.

일본이 독도를 다케시마(竹島) 즉 대나무 섬이라고 부르는데 독도에는 대나무나 산죽이 없는 것을 확인하여, 일본이 붙인 지명 '다케시마'가 허구라는 것을 증명하였다.

◁ **숨은벽 사철나무**
독도에는 수령이 100년 이상 된 사철나무가 많이 자생한다. 서도 물골로 가는 길 계단 중간쯤 있는 숨은벽 주상절리에 붙어사는 사철나무로 세찬 바람에 키는 크지 않지만 넝쿨 식물처럼 나뭇가지가 서로 엉키며 자라고 있다. (20140516)

◁ 천만 송이 해국이 핀 독도
독도의 가을은 약 천만 송이 해국이 핀다. 해풍이 불어와 모든 식물이 갈색으로 변하는데, 독도는 파란 바다에 연분홍 국화꽃이 어우러져 그림같이 아름다운 환상의 섬으로 변한다. (20131014)

△ 국화꽃 향기 피어나는 독도
동도 몽돌 해안 부근 해국 군락지로, 독도는 우리나라 단일 지역에서 해국이 가장 많이 피는 곳이다. (20061010)

△ 탕건봉 사철나무
서도 물골 계곡 앞 탕건봉(100.6m) 정상부 주상절리에 하트 모양으로 자생하는 사철나무이다. 오후에 해가 잠깐 드는 곳으로, 줄기가 북서 방향으로 자란다. (20150921)

△ 섬괴불나무 군락
물골 계곡 주변에 다양한 식물이 자란다. 푸른 독도 가꾸기 사업으로 심은 것으로 5~7m 정도 자라 군락을 이루고 있다. 토질이 화산재와 부엽토로 지반이 약해 큰 나무가 넘어지고 있다. (20070511)

▷ 사철나무
독도에서 자생하는 사철나무로, 동도 천장굴 벽면에 붙어 자라는 수령 130년 된 보호수이다. 사철나무는 독도 여러 곳 절벽에 골고루 분포되어 자라고 있다. (20180427)

◁ 억새 군락지

독도는 망망대해에 있지만, 식생 상태는 일반 섬과 같다. 계절별로 다양한 식물이 자라 아름다움을 보여주며, 동도 정상부 주변에 억새가 자라고 있다. (20081017)

▷ 해국 군락지

독도의 가을에는 섬 전역에 해국이 피어있다. 동도 영토 비석 앞에서 천장굴 외벽으로 오르는 작은 골에 활짝 핀 해국 (20131014)

 가는갯는쟁이	 강아지풀	 갯까치수염
 갯보리	 개밀	 갯괴불주머니
 갯사상자	 갯제비쑥	 괭이밥

까마중

닭의장풀

댕댕이덩굴

도깨비고비

도깨비바늘

돌피

땅채송화

맥문동

개머루

섬기린초

소리쟁이

쇠무릎

쇠비름

술패랭이

쑥

억새

왕김의털

왕포아풀

큰두루미꽃

큰보리장나무

큰이삭풀

해국

섬괴불나무

1) 해국(海菊) 관찰기 (2013년 11월 초 · 글 안동립)

독도에 서식하는 식물은 인위적으로 옮겨 심은 것이 아니고 독도에 자생하는 식물이 대부분이다.

독도에는 두 개의 바위섬만 있을까? 아니다. 가을이 되면 여러분을 깜짝 놀라게 할 천만 송이 해국(海菊)이 피는 환상의 섬이 된다.

저자가 수년간 독도 식물을 조사하면서 해국을 자세히 관찰해 보았는데 해국의 뿌리는 단독으로 바위틈이나 해안 절벽에 홀로 붙어사는 것도 있으나, 갯제비쑥 뿌리에 집단으로 붙어사는 것도 많이 관찰된다. 해국과 같이 공생하는 식물 중에 갯제비쑥이 자라는 것을 살펴보면, 뿌리가 땅에 깊고 넓게 단단히 고정돼 있으며, 줄기가 30~40cm 정도로 길게 자란다. 줄기 끝은 일반 쑥과 비슷하고 잎이 넓게 자라 그 무게로 땅으로 축 늘어지면서 무더기로 자라며, 그 모양이 새집 형태로 60~70cm 정도 둥글고 넓게 바닥으로 펴지면서 가운데 부분이 새 둥지처럼 생겨서 괭이갈매기가 둥지를 틀고 부화하여 새끼를 키우는 경우가 많다.

갯제비쑥 뿌리 부분에서 자라는 해국은 20cm 정도 위쪽으로 서서 하늘을 향해 자라고, 괭이갈매기가 제공한 배설물로 영양분을 공급받으며 서로 도우며 공생하고 있다. 해국의 줄기는 볼펜 굵기 정도인 2~3cm이고, 뿌리 부분에서 큰 줄기가 20~30cm 크기로 위쪽으로 자란다. 원줄기에서는 7~9개의 가지가 나온다. 원줄기 상층부에는 5~9cm 크기의 진한 쑥색 떡잎이 15~19장 정도 나오고 끝부분에서 또다시 새끼 꽃가지 7~9개가 올라와 2~4cm 꽃잎이 핀다. 이 꽃들이 만개하는 가을이 되면 두 개의 검은 돌섬만 있고 아무것도 없을 것 같은 독도에 천만 송이 화려한 국화가 섬 전체를 뒤덮는 천상의 화원이 된다.

해국의 꽃향기는 일반 국화와 비슷하며, 꽃 색깔은 흰색과 연한 보라색, 연한 분홍색이고 수술은 노란색으로, 해국 한 무더기에서 국화꽃이 대략 70~80송이의 꽃이 핀다.

독도 섬 전체에 분포된 해국의 숫자를 단위 면적으로 계산해 보니 대략, 동도에 9만 그루, 서도에 7만 그루가 분포되어 있으며, 한 그루당 70~90송이가 피는데, 그 숫자를 합산하면 대략 천만 송이의 국화가 피는 것으로 추산된다.

우리나라 여러 섬과 해안가에서 해국이 많이 핀다. 겨울에는 말라 죽었다가 다시 피는 다년생으로 자연 상태로 자생하는 해국이 가장 넓은 면적에 제일 많이 분포된 곳은 독도뿐이다.

[해국 꽃송이 산출 방식]

단위 면적당 해국의 분포를 평균하였고, 꽃송이 수는 한 그루당 평균한 값으로 다음과 같이 추산하여 산정하였다.

1) 1m×1m = 2그루 × 70송이 = 140송이
2) 1m×1m = 3그루 × 70송이 = 210송이
3) 1m×1m = 4그루 × 70송이 = 280송이

※ 평균값을 2) 면적에 대입하여 꽃의 수량 산정

(가) 동도의 분포지역 면적을 합산하면 150m × 270m = 40,500㎡ × 210송이 = 850만 송이

(나) 서도의 분포지역 면적을 합산하면 120m × 210m = 25,200㎡ × 210송이 = 529만 송이

※ 동, 서도 합산 850만 + 529만 = 13,790,000송이, 오차 ±15% 적용 약 11,700,000송이. 즉 독도에는 천만 송이의 해국이 핀다.

※ 독도의 자연환경은 일반섬과 동일한 식생 조건을 가지고 있다.

△ 독도 식물 조사 현지 조사철

* 일본에서는 독도를 다케시마(竹島)라고 한다. 독도에는 산죽이나 대나무가 없다.

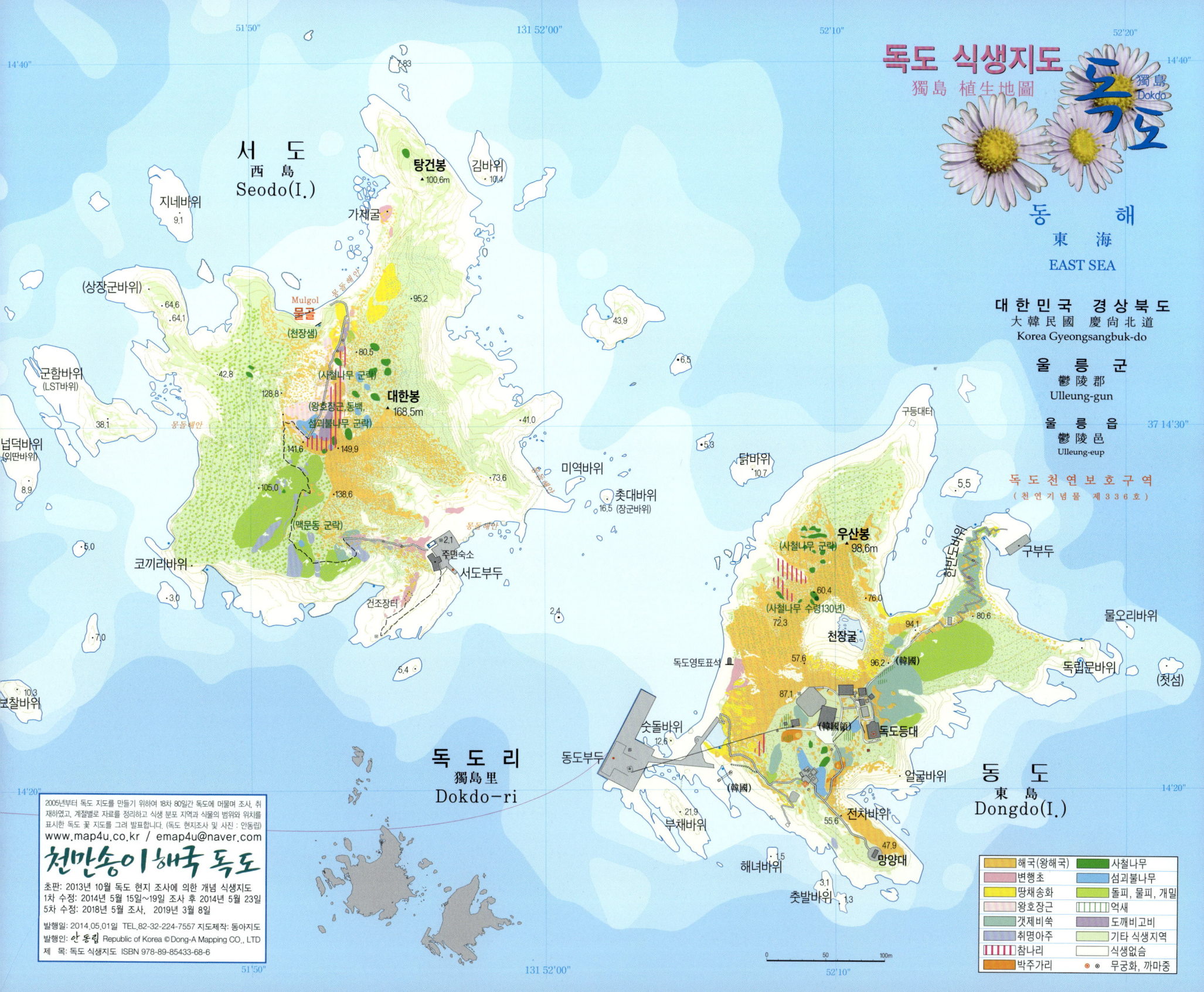

10. 독도의 겨울

겨울에는 독도로 가는 배가 없다. 필자는 2019년 1월 22일부터 24일까지 요트로 동해를 건너 독도에 가려고 포항시 동빈항에서 10명의 대원이 안용복(1693년, 1696년) 장군 항로를 따라 출항하였으나 겨울 바다의 거센 풍랑과 태산같이 밀려오는 파도, 이어지는 여파로 배가 요동쳐서 더는 항해를 할 수 없어 7시간 항해 끝에 포기하였다. 이 책에 실린 겨울 사진은 독도등대 김현길 주무관이 제공한 것과 KBS 독도 Live 영상, 울릉군청 홈페이지에서 제공하는 실시간 영상이다.

1	2
3	4

1. 서도 설경 (사진 김현길, 20230128)
2. 독도의용수비대 순국 위령비 설경
   (사진 김현길, 20121223)
3. 부채바위 설경 (사진 김현길, 20131219)
4. 독도등대 설경 (사진 김현길, 20230124)

|1|2|5|
|3|4| |

1. 서도 설경(울릉군청 홈페이지 독도 서도 Live 캡쳐, 20221219)
2. 동서도 설경 (KBS Dokdo Live 캡쳐, 20211226)
3. 서도 설경 (사진 김현길, 20080131)
4. 한국령 글자 설경 (사진 김현길, 20230124)
5. 삼형제굴바위 설경 (사진 김현길, 20131219)

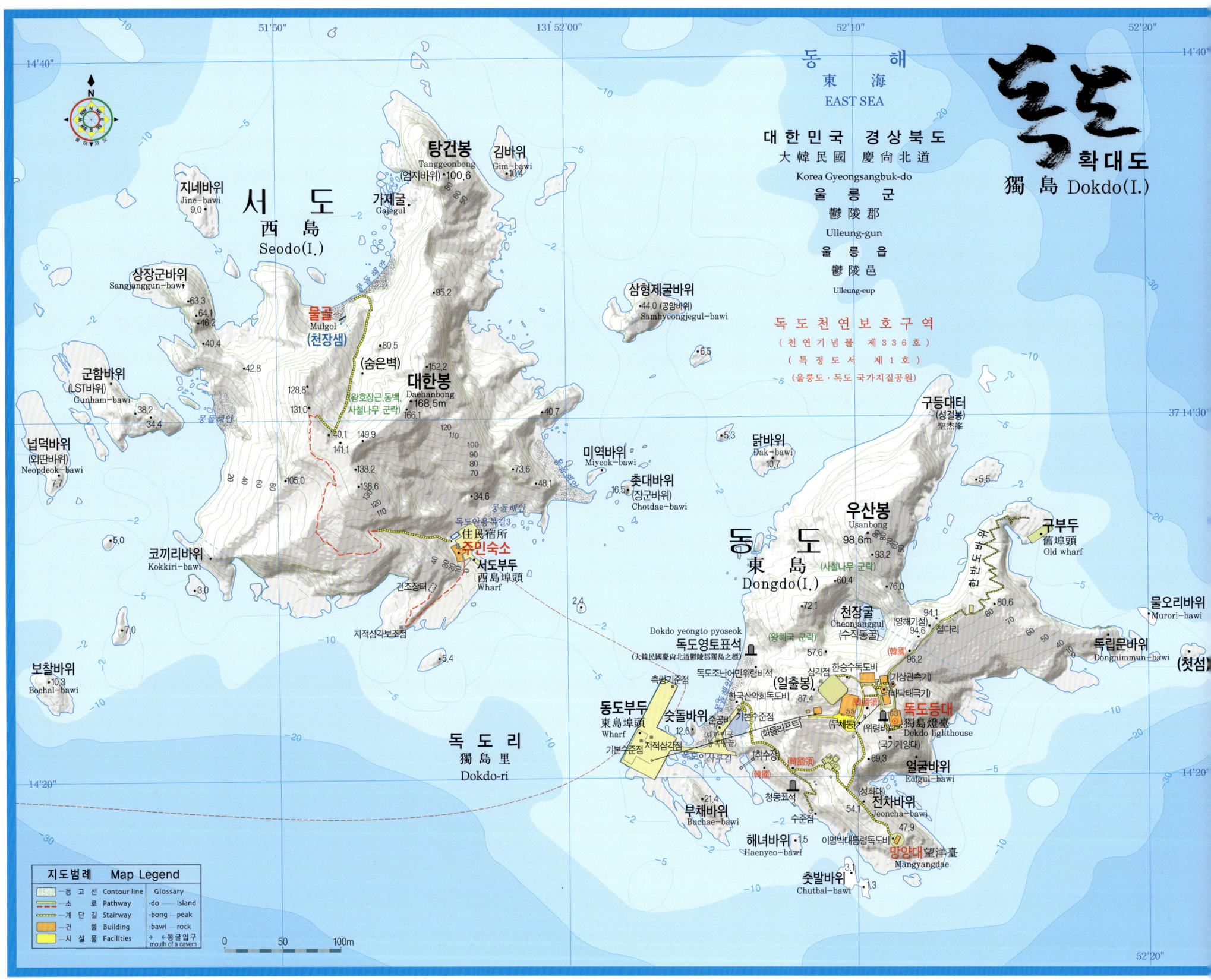

1) 독도 지도 제작 과정

저자가 제작 출판한 독도 지도(地圖)는 2005년 4월 14일(2005-097호) 대한측량협회의 심사를 받아 2005년 5월 초판을 인쇄하여 동아지도에서 출간하였다.

이후 국토지리정보원의 지시로 대한측량협회에서 독도 지도 심사 취소에 따른 폐기를 요청하여, 대한측량협회 직원 입회하에 독도 지도를 폐기 절단하였고, 2005년 6월 20일(기술 2005-232호)로 대한측량협회 심사를 다시 받아 재발행하였다.

이러는 중 동북아의 평화를 위한 역사정립기획단장 명의로 2005년 6월 28일 독도 현황을 고시하고, 국토지리정보원은 2005년 12월 16일 독도 부속도서 지명을 제정하여 고시하면서 저자(동아지도)가 5월 1일에 만든 독도 지명 연구 지도를 복제 사용하여 독도 지명을 고시 하였다.

저자는 2005년 3월부터 독도 지명을 연구하여 5월 독도의 지명 연구를 발표하였다. 이후 저자는 후속 연구로 2008년 9월 10일 서울대학교 호암관에서 열린 (사)한국지도학회지에 게재하고 독도의 지명 연구 논문을 발표하였다. 독도 지도는 2005년 4월에 초판을 제작하였고, 이후 2022년까지 17년간 독도 현지 조사 후 내용을 보완하여 수정 제작하여 지도를 만들고 있다.

11. 독도의 땅이름

독도에는 많은 지명이 있다. 옛 선조들이 부르던 땅이름을 정리한 것이 지도(地圖)이다. 지도는 땅의 문서라고 할 수 있다. 지도는 자연 지리와 인문 지리로 나누는데 자연 지리는 위성사진으로 누구든지 그릴 수 있으나 지명과 지적 등 인문 지리가 들어간 지도가 있어야 소유권을 주장할 수 있다.

일본에서도 독도 지도를 만들었지만, 자연 지리만 그린 지도를 배포하고 있다.

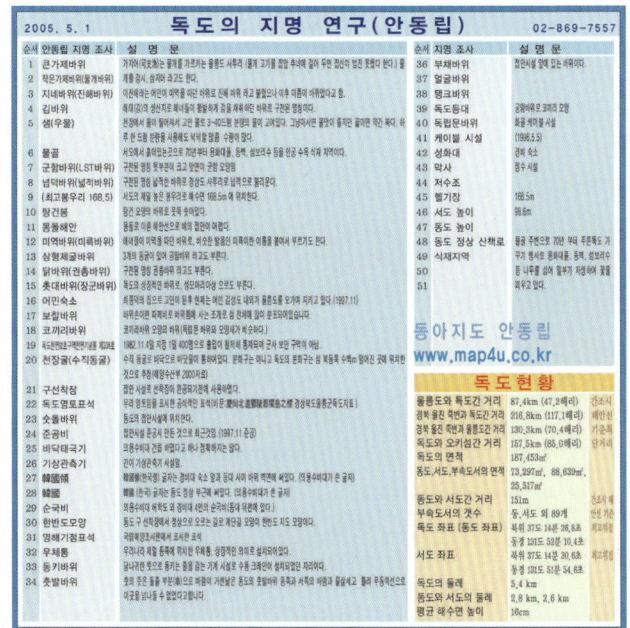
△ 독도의 지명 연구 : 2005년 3월~5월 연구한 독도 지명 뒷면

△ 동아지도 : 2005년 5월 저자가 홍보용으로 인쇄한 지도 앞면

▽ 국토지리정보원 지명 고시 때 사용한 지도 : 2005년 12월 16일 저자의 지도를 복제 사용하여 지명을 고시하였다.

1) 독도의 지명 연구 (안동립, 1차 연구 200505 · 한국지도학회지 게재, 발표 20080910)

(1) 동도의 지명

1. 구등대터 : 1954년 8월 10일 무인 등대로 처음 점등된 성결봉 등대 터로 현재는 콘크리트 기초만 남아있다.
2. 구부두 : 접안시설로 새로운 부두가 완공되기 전에 사용하였다.
3. 기상관측기 : 간이 기상관측기 시설이다.
4. 닭바위 : 닭대가리 형상을 한 바위로 구전된 명칭
5. 독도등대 : 1998년 12월 10일 새로 건립되었다. 태양열 발전기를 이용하여 등댓불을 밝히며, 백 섬광 10초에 1 섬광으로 돈다.
6. 독도영토표석 : 우리 영토임을 표시한 표석
   (비문 : 慶尙北道鬱陵郡獨島之標 경상북도울릉군독도지표)
7. 독도조난어민위령비 : 동도 부두 앞 몽돌해변에 있다.
8. 독립문바위 : 공암 바위로 독립문처럼 웅장한 모습이다.
9. 동도부두 : 해양수산부가 1997년 11월에 건설하였고, 500톤급 선박이 정박할 수 있다.
10. 동도 계단 길 : 폭 0.8~1m 계단 길로 796m가 설치되어 있다.
11. 망양대 : 동도에서 바다를 바라보는 전망대로 이명박 독도비가 있다.
12. 물오리바위 : 독립문바위 앞에 있는 바위
13. 몽돌해변 : 몽돌로 이루어진 해변으로 수심이 얕아 배의 접안이 어렵다.
14. 바닥태극기 : 동도 정상부 바닥에 설치된 태극기로 독도의용수비대가 건립하였다고 하나 정확하지는 않다.
15. 발전기실 : 동도 정상부에 1998년 7월 28일 건립하여 운영하고 있다.
16. 보호수 : 수령 130년 된 사철나무로 천장굴 벽에 붙어 자라고 있다.
17. 부채바위 : 동도 접안시설인 부두와 붙어있는 부채처럼 생긴 바위
18. 성화대 : 전국체전 성화를 채화하였던 시설
19. 숫돌바위 : 동도 접안시설인 부두와 붙어있는 바위
20. 얼굴바위 : 일명 장군바위라고 하며, 사람의 얼굴 모양이다.
21. 영해기점 : 우리나라 동쪽 끝에 있는 영해기점 표시로 국립해양조사원에서 설치
22. 우산봉 : 높이가 98.7m로 동쪽 섬의 제일 높은 봉우리이다. 우리나라에서 제일 먼저 해가 뜨는 곳이다.
23. 우체통 : 우리나라 제일 동쪽에 있는 우체통으로, 우편번호는 40240이다.
24. 위령비 : 독도등대 앞쪽에 있는 비석으로 독도의용수비대 허학도 외 5인의 순국을 기리고 있다.
25. 전차바위 : 처음에는 탱크바위라 불렀는데 전차바위로 명칭을 바꾸었다.
26. 준공비 : 1997년 11월 동도 접안시설 준공 시에 만든 조형물
27. 독도천연보호구역 : 천연기념물 제336호로 1982년 11월 4일 지정, 문화재 보호법 제33조에 근거하여 공개 제한. 동도에 한하여 일반인의 출입이 가능하도록 공개 제한을 2005년 3월 24일 해제. 입도 허가제를 신고제로 전환, 동도 부두에서 30분 정도 관광한다. (군사 보안 구역이 아님).
28. 천장굴 : 동도 중심에 뚫려있는 분화구 모양의 수직 동굴로 바닥으로 통하는 굴로 바닷물이 들어온다. 분화구가 아니다. 독도의 분화구는 섬 북동쪽 수백 m 떨어진 곳에 있는 것으로 추정된다(해양수산부 2000년 자료).
29. 첫섬 : 필자(안동립)가 지명을 지은 것으로 우리나라 가장 동쪽 첫 번째 도서이다. 동도 동단에서 정동쪽으로 약 40m 떨어져 있으며 면적 160㎡, 높이 4.1m. 우리말로 된 지명으로 일본어로는 지도상에 표기할 수 없다.
30. 청동색 영토 표석 : 영토 표석이 파도에 유실되어 영인본을 만들어 동도 부두 부근 바위 위에 시멘트로 만들어 청동색을 칠해놓은 표석이다.
    (비문 : 慶尙北道鬱陵郡獨島之標 경상북도울릉군독도지표)

*이 논문은 2005년 5월에 독도 지도를 제작할 때 연구한 것으로, 2018년 9월 10일 한국지도학회지에 게재 발표된 내용 중 일부분만 요약하여 소개한다.

31. 촛발바위 : 돌출 부분(串)으로 바람이 거센 날, 촛발바위 동쪽과 서쪽의 바람과 물살이 세서 무동력선으로 이곳을 넘나들 수 없었다고 한다.
32. 포대능선 : 독도등대에서 대포가 설치된 곳으로 이어지는 길로 국방의 상징으로 필자가 지은 이름이다.
33. 韓國 : 동도 정상 부근 바위에 1954년 서예가 한진오 씨가 새긴 글자
34. 韓國 : 동도 부두 부근 바위에 1954년 서예가 한진오 씨가 새긴 글자
35. 韓國領 : 1954년 서예가 한진오 씨가 새긴 글자로 경비대 숙소 앞과 등대 사이 바위 벽면에 있다.
36. 한국산악회 비석 : '독도'라고 한글로 쓰여 있는 비석으로 한국산악회가 독도 탐방 기념으로 세운 것
37. 한반도바위 : 동도 구 부두에서 정상으로 오르는 계단 길 모양이 우리나라 지도 모양이다.
38. 해녀바위 : 동키바위라고 불렀는데, 당나귀란 뜻으로 짐을 나르는 시설이 있었던 곳이다. 현재는 해녀바위로 명칭을 변경하였다.
39. 화물 케이블카(삭도) : 동도 부두에서 정상으로 물품을 운반하는 시설이다. 길이 300m, 1996년 5월 5일 설치하여 운행하고 있다.

(2) 서도의 지명

1. 가제굴(배석진 굴) : 배석진 굴이라 불렀는데 굴의 끝 모래에서 강치 뼈가 나와 가제굴로 명칭이 변경됨. 어부 배석진 씨가 방을 만들어 해녀들과 살았던 곳이다.
2. 가제바위(물개바위) : 가지어(可支魚)는 물개를 가리키는 울릉도 사투리로 물개를 강치, 삽지어라고도 한다.
3. 건조장터 : 주민 숙소 뒤 언덕에 해산물 건조장 시설이 있었다.
4. 군함바위 : 일명 'LST바위'로 구전된 이름으로 형상이 군함 모양으로 생겨서 붙여진 이름이다.
5. 김바위 : 해녀들이 활발하게 김을 채취하던 바위로 구전된 명칭이다.
6. 넙덕바위(넓적바위) : 수면에서 넓게 펴진 바위로 어민들이 경상도 사투리로 넙적바위라 불러 붙여진 이름이다.
7. 대한봉 계단 : 동도 주민 숙소에서 대한봉으로 오르는 계단 길.
8. 대한봉 : 높이가 168.5m로 서도의 제일 높은 봉우리이다. 원래 이름이 없었다. 저자(안동립)가 2007년 5월 11일 대한봉으로 이름을 지었는데, 정식지명으로 고시되었다.
9. 몽돌해변 : 몽돌로 이루어진 해안선, 수심이 얕아 배의 접안이 어렵다.
10. 물골계곡 : 흙이 1m 정도 쌓여 있어 식생 상태가 좋다. 사철나무, 왕호장근, 섬괴불나무, 참나리꽃 등이 자생하며 꽃을 피우고 있다.
11. 물골계단 : 대한봉 능선에서 우물이 있는 물골로 가는 길이다.
12. 물골 : 동굴 천장에서 물이 떨어져 고인 우물로 약 30~40드럼 분량의 물이 고여 있다. 그냥 마시면 물맛이 좋지만 끓이면 약간 짜다.
13. 미역바위 : 해녀들이 미역을 따던 바위
14. 보찰바위 : 바위손 또는 거북손이라고 부르는 조개류가 바위틈에 붙어산다. 사투리로 보찰이라 부른다. 독도 바다 전 지역에 많이 분포되어 있다.
15. 삼형제굴바위 : 동도와 서도 사이에 있는 3개의 동굴이 있는 바위로, 공암바위라고도 부른다.
16. 상장군바위 : 서도 서북쪽 해변에 있는 바위로 구전돼오던 이름이다.
17. 숨은벽 : 물골로 가는길 계곡 계단 중간에 있는 대형 주상절리로 외부에서는 볼 수 없고 가까이 가야 그 모습이 보인다. 필자(안동립)가 이름을 지었다.
18. 자연방파제 : 동도에 부두가 설치되면서 파도의 영향으로 서도와 촛대바위

사이에 형성된 몽돌 해안으로 움직이는 자연 방파제이다.

19. 작은가제바위(물개바위) : 가제바위 아래 작은 바위섬

20. 주민숙소 : 최종덕의 집으로 고인이 된 후 독도 주민 김성도, 김신열 내외가 살았다. 1997년 11월 증축, 2011년 8월 개축하였다.

21. 지네바위 : 이진해라는 어민이 미역을 따던 바위로 진해 바위라고 불렀으나 이후 음운변화하여 진해를 지네라 불러 붙여진 이름

22. 촛대바위(장군바위) : 독도의 상징적인 바위로 성모마리아상, 미륵바위, 권총바위, 미륵바위, 기도바위 등으로 불렀다.

23. 코끼리바위 : 형상이 코끼리 코 모양을 닮아 붙여진 이름

24. 큰가제바위(물개바위) : 가제바위 북쪽에 있는 제일 면적이 넓은 바위로 해수면에서 0.5~1m로 물개가 살기 좋았다. 높이 5m 바위가 있다.

25. 탕건봉(100.6m) : 갓 속에 쓰는 탕건 모양으로 우뚝 솟아있다.

26. 탕건봉 사철나무 : 탕건봉 정상부 서북쪽 주상절리에 약 4m 크기 하트 모양으로 자라는 사철나무 군락이 있다.

1. 구(舊)등대터 : 처음에는 성걸봉(聖杰峯) 등대라고 불렀다. (20081024)
2. 구(舊)부두: 지금은 사용하지 않는 부두. 동도 한반도바위 아래에 있다. (20110813)
3. 구(舊)부두 전경 : 한반도바위로 오르는 계단 끝에 있는 악어바위 (20120907)
4. 닭바위 : 구전된 지명으로, 닭대가리 모양과 닭이 알을 품고 있는 형상을 하여 붙여진 이름이다. (20180427)

1		
2	3	4

(1) 동도의 지명

1. **독도경비대** : 경상북도 울릉군 울릉읍 독도이사부길 55번지, 경북지방경찰청 독도경비대 3층 건물로, 독도를 지키는 대한민국 경찰 공무원들이 상주하고있다. 식당·헬스장·도서관 등의 시설이 있다. (20150922)

2. **독도등대** : 바다에서 본 등대와 송신탑. 경상북도 울릉군 울릉읍 독도이사부길 63번지, 대한민국 정부가 파견한 국가 공무원이 상주해 관리하는 "유인 등대"로 포항지방해양수산청에서 관리하고 있다. (20220804)

3. **독도등대** : 헬리콥터장에서 본 모습 (20140518)

4. **기상관측기** : 과학 장비로 방사능 오염 측정기 등 여러 측정 장비가 있다. (20140518)

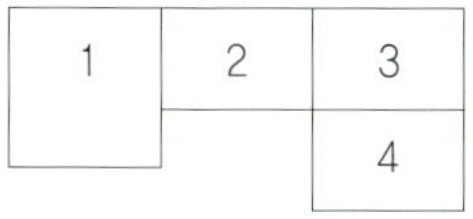

1	2	3
		4

1	2	
3	4	5

1. **독도 비** : 이명박 대통령 독도 방문 기념으로 망양대에 설치되었다. (20170801)

2. **한국산악회 독도 탐방 기념비** : 훼손되었다가 최근에 다시 설치하였다. (20150922)

3. **독도 조난 어민 위령비** (20120907)

4. **영토 표석** (20070511)

5. **영토 표석** : 동도 부두 옆 몽돌 해변에 설치된 영토 표석에는 '大韓民國慶尙北道鬱陵郡獨島之標(대한민국 경상북도 울릉군 독도 지표)라고 한자와 한글로 새겨져 있다. (20180427)

△ 독립문바위
독도에 있는 우리 영토 주권에 관한 지명으로, 동도 동쪽 끝에 위치한 해안침식 아치 동굴이다. 독립문 형상을 하여 지어진 이름으로 멋진 자태를 뽐낸다. (20060825)

◁ 동도부두
해양수산부가 1997년 11월에 건설하였고 500톤급 선박이 정박할 수 있다. (20131018)

▷ 독립문바위 투영
형상이 독립문을 닮아서 지어진 지명으로, 동해 깊은 바다에 힘차게 서 있다. 동도 구부두 바닥에 마른 해초에 물이 고여 붉은색으로 보인다. (20170731)

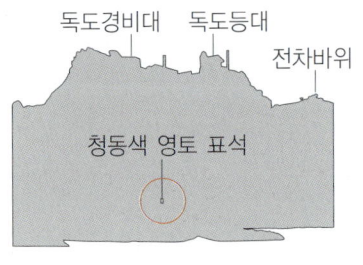

1. **망양대** : 동도에서 바다를 바라보는 전망대로 독도비가 있다. (20140912)
2. **동도 부두에서 본 전경** : 우산봉·숫돌바위· 삭도 (20150922)
3. **바다에서 본 동도** : 동도 우산봉과 독도경비대 ·독도등대·망양대 (20220204)
4. **서도 대한봉 능선에서 본 동도** : 천장굴 모습 (20131017)
5. **해녀바위에서 본 동도** : 바위틈에 청동색 영 토 표석이 보인다. (20060824)

▽ 동도의 여름 오후 : 관광객이 모두 떠나면 동도 부두는 조용해지며 적막이 흐른다. 서도 주민 숙소 부두에서 본 동도는 맑고 투명하다. (20060825)

▷ 동도로 밀려오는 파도 : 서도 대한봉 오르는 계단에서 본 동도 전경. 촛대바위로 거세게 몰려오는 파도 (20180429)

◁ 고요(몽돌해변)
동도 부두 몽돌해변에서 본 숫돌바위. 유람선이 돌아간 늦은 오후, 탐방객으로 분주하던 동도 부두의 풍경은 바람 한 점 없이 맑고 고요하다. (20120907)

△ 바닥태극기
대한민국 영토 주권을 상징하는 태극기로 동도 정상부 독도등대 앞 바닥에 설치되어 있다. 동해를 배경으로 본 태극기 (20140518)

▷ 계단 길
동도를 오르는 길은 계단으로 설치하여 폭 0.8~1m, 길이 796m가 설치되어 있다. (20110813)

1	2	5
3	4	

1. **물오리바위** : 독립문바위 앞에 있는 바위 (20120907)
2. **부채바위** : 부채처럼 펼쳐져 있다. (20120907)
3. **성화 채화대** : 전국체전 성화를 채화하였던 시설 (20131014)
4. **발전기실** : 동도 정상부에 1998년 7월 28일 건립하여 운영하고 있다. (20060824)
5. **부채바위** : 동도 부두와 연결된 바위로 날카로운 모양이나, 동도를 오르는 계단 길에서 보면 부채처럼 펼쳐져 있어 붙여진 이름이다. (20140518)

▷ 우체통

동도 '韓國領(한국령)' 글자 앞 독도경비대 건너편에 우리 영토 주권의 상징인 우체통이 설치되어 있다. 독도의 우편번호는 '40240'이다. (20140518)

▷ 위령비

독도등대 앞쪽에 있는 비석으로 독도의용수비대 허학도 외 5인의 순국을 기리고 있다. (20180427)

◁ 위용(얼굴바위)

동도 독도등대 동쪽 절벽에 있는 바위로 사람의 옆모습을 닮아 얼굴바위라고 부른다. 동해를 향해 먼 바다를 바라보고 있다. 일명 장군바위라고도 부른다. (20170802)

1. **악어바위** : 동도 구부두 가는 길 계단길 끝에 있다. (20150922)
2. **숫돌바위** : 동도 접안시설인 부두와 붙어있는 바위 (20131018)
3. **얼굴바위** : 일명 장군바위로 일본을 향하여 눈을 부릅뜬 힘찬 모습으로 독도를 지키고 있다. 동도 망양대 가는 길에 있는 전차바위에서 본 얼굴바위의 위용 (20081017)
4. **우산봉의 가을** : 독도의 가을은 섬 전체가 국화꽃이 만발하여 지나는 걸음마다 국화꽃 향기 가득하다. 천장굴에 붙어 자라는 사철나무(수령 130년) (220081017)

▷ 전차바위
처음에는 탱크바위라 불렀는데 전차바위로 명칭을 바꾸었다. (20120907)

◁ 준공비
1997년 11월 동도 부두 접안시설 준공 시에 만든 조형물 (200608205)

▽ 전망 초소
예전에 사용하였던 건물 (20150922)

↘ 정화시설
동도 중턱에 식목지 주변에 정화시설과 태양광 패널이 있다. (20120907)

1	2		
3	4	5	6

1. **첫섬** : 저자(안동립)가 김용범의 권유로 지명을 지은 것으로 우리나라 가장 동쪽 첫 번째 도서이다. 동도 동단에서 정동쪽으로 약 40m 떨어져 있으며 면적 160㎡, 높이 4.1m이다. 우리말로 된 지명으로 일본어로는 지도상에 표기할 수 없다. (20120907)

2. **촛발바위** : 돌출 부분(串)을 기준으로 물살이 바뀐다고 하여 붙여진 이름 (20120907)

3. **청동표석** : 영토 표석이 파도에 유실되어 영인본을 만들어 동도 부두 부근 바위 위에 시멘트로 만들어 청동색을 칠해놓은 표석이다. (20120907)

4. **천장굴 내부** : 한승수 비석에서 본 굴 내부 (20060824)

5. **천장굴 아랫굴** : 구부두에서 천장굴 방향으로 이어지는 굴로 작은 배가 지나다닐 수 있다. (20140518)

6. **천장굴** : 동도 한가운데 분화구처럼 하늘을 향해 뚫린 굴은 함몰된 지형으로, 화산의 분화구가 아니다. 굴 바닥 옆으로 굴이 뚫어져 있어 바닷물이 들어온다. (20180427)

1. **韓國領** : 1954년에 새긴 글자로 독도경비대 숙소 앞과 등대 사이 바위 벽면에 있다. (20180427)
2. **포대능선** : 동도 대포로 가는 길을 필자가 이름을 붙였다. (20170801)
3. **韓國** : 동도 부두 부근 바위에 1954년 서예가 한진오 씨 글이다. (20120907)
4. **韓國 글자 바위** : 동도 정상부에서 대포가 설치된 능선 길에 우뚝 솟아있는 바위로 벽면에 韓國 암각 글자가 새겨져 있다. (20120907)
5. **韓國** : 동도 정상부 포대 능선길 좌측에 있는 韓國 암각 글자이다. 독도에는 대한민국 영토를 상징하는 韓國領, 韓國 글자가 바위 벽면 4곳에 암각으로 새겨져 있는데, 한 곳은 훼손되어 보이지 않는다. (20180427)

1. **국기 게양대** : 망망대해 독도에 게양된 태극기를 보면 가슴이 벅차오른다. 독도에는 서도 주민 숙소와 동도 망양대·동도 정상부·독도등대 앞 4곳에 태극기가 게양돼 있다. (20200723)

2. **레이더 철탑** (20131018)

3. **해녀바위** : 배를 대고 물건을 옮기는 크레인 시설이 있어 동키바위라고도 불렀다. (20120907)

4. **삭도** (20200723)

5. **통신 기지국** : 우리나라 최동단 통신 기지국으로 전화 및 인터넷이 잘 된다. (20140518)

6. **헬리콥터 착륙장** : 독도 등대에서 본 헬리콥터 착륙장과 서도 전경 (20120907)

1	2	3	4
		5	6

1. **한반도바위 계단** : 동도 포대 능선을 지나 구 부두로 가는 계단 길로, 이 지역은 토양이 좋아 식물이 잘 자란다. 바다제비가 땅굴 둥지에서 집단으로 서식한다. 계단 손잡이는 오래된 콘크리트로 되어 있었는데 최근 스테인리스 봉으로 바뀌었다. (20180427)
2. **대포** : 우리 영토 주권의 상징이다. (20170801)
3. **해산** : 동도 대포를 지나 한반도바위로 내려가는 길 계단에서 바라본 서도 대한봉과 동도 우산봉의 힘찬 기상 (20180427)

5. 해산 : 동도 한반도바위 계단 길에서 바라본 대한봉(168.5m)과 우산봉(98.7m)이 겹쳐서 바다에 우뚝 솟아 산봉우리 두 개로 보여 첩첩산중이다. (20080808)

△ 한반도바위

이 바위는 약간 동북 방향으로 위치하여 아침 일찍 보트에서 촬영해야만 우리나라 지도 모양이 정확히 찍힌다. 구부두에서 동도 정상으로 올라가는 계단 길로 이전에는 콘크리트 기둥이 설치되어 있었다. (20060825)

△ 한반도바위 여름

콘크리트 기둥이 설치된 한반도바위 여름 식생 (20080810)

△ 한반도바위 가을

식물이 갈색으로 변해가는 한반도바위 주변 식물 (20120907)

△ 한반도바위
최근 콘크리트 기둥을 스테인리스로 기둥으로
교체하였다. (20150922)

△ 한반도바위 일출
일출에 반사되어 독도는 황금빛으로 물든다.
(20170805)

△ 한반도바위
바다에서 본 한반도바위의 아침 풍경
(20180428)

◁ 동도와 서도 바다
여름 태풍이 지나가면 바다가 잔잔해지고 거울같이 맑아 바닷속이 훤히 보인다. 유람선이 도착한 독도 부두와 동서도 사이의 바다 풍광 (20120907)

▽ 서도의 여름 바다
동해의 비경으로 바람 한 점 없는 독도의 여름 바다는 속살이 훤히 보이는 맑고 푸른 아름다운 풍광이다. 앞쪽 산봉우리는 동도 천장굴로 사철나무와 서도 대한봉·구(舊)주민숙소·탕건봉·삼형제굴바위가 보인다. (20080808)

(2) 서도의 지명

1	2	5
3	4	

1. **작은 가제바위**(물개바위) : 가지어(可支魚)는 물개를 가리키는 울릉도 사투리로 물개를 강치, 삼지어라고도 한다. (20150921)

2. **서도와 천장굴** : 천장굴에서 본 서도 전경, 독도는 가파른 절벽과 검은 돌, 날씨 등으로 어두운 사진이 많아, 같은 장면도 여러 번 촬영해야 지형적인 특징을 살릴 수 있다. (20180427)

3. **큰 가제바위** : 가제바위 북쪽에 있다. 20120906)

4. **가제굴** : 처음에는 배석진 굴이라 불렀는데 굴의 끝 모래에서 강치 뼈가 나와 가제굴로 명칭이 변경됨. 어부 배석진 씨가 방을 만들어 해녀들과 살았던 곳이다. (20150921)

5. **서도의 가을** : 독도의 가을은 염분에 의하여 식물 대부분이 말라 죽어 갈색이지만 해국이 피어 그 향기가 동해에 가득하다. 동도 정상부 해국과 서도 산사태가 일어나기 전 대한봉·구 주민 숙소·탕건봉·삼형제굴바위·촛대바위 전경 (20081017)

1. 건조장 터 가는 길 : 최종덕 기념비가 있는 해산물 건조장 터 (20120906)
2. 대한봉 가는 길 : 저자(안동립)가 서도 계단에 쓴 글자로 원래 산 이름이 없었는데, 저자가 2007년 5월 11일 대한봉으로 지명을 지었다. (20140515)
3. 건조장 터 : 주민 숙소 뒤 언덕에 해산물 건조장 시설이 있었다. (20131017)
4. 넙덕바위 : 수면에서 넓게 펴진 바위로 어민들이 경상도 사투리로 넙적바위라 불러 붙여진 이름이다. (20120906)
5. 김바위 : 해녀들이 활발하게 김을 채취하던 바위로 구전된 명칭이다. (20120907)
6. 군함바위 : 일명 LST바위, 형상이 군함 모양으로 생겨서 붙여진 이름이다. (20140516)

1		3	4
2		5	6

◁ 대한봉 고개
능선길에서 물골 계곡 넘는 고개는 절벽으로 바람이 불면 위험하였는데, 최근 나무판과 안전줄을 만들어 길을 보강하였다. (20150921)

◁ 대한봉 계단
서도 주민 숙소에서 대한봉으로 올라가는 계단 (20120906)

▷ 넙덕바위·군함바위·상장군바위
대한봉 능선 길에서 본 서도의 서쪽 바다 풍경 (20070510)

▷ 대한봉 산사태

독도에는 여러 곳에서 산사태 지역이 있는데, 서도 주민숙소 부근에는 수시로 대한봉 정상에서 바위와 토사가 쏟아져 내린다. (20180430)

◁ 대한봉(168.5m)

저자가 처음 독도를 탐방하기 이전에는 독도의 공식적인 산 명칭이 없었다. 2007년 5월 11일 서도 부두에서 대한봉(大韓峰)과 동도 일출봉(日出峰)이라고 봉우리 이름을 지었다.
현재 대한봉은 정식 지명으로 고시되었다. 물골 계곡으로 내려가는 능선에서 바라본 대한봉의 위용 (20070513)

1	2	
3	4	5

1. **대한봉 정상** : 몰골 계곡에서 본 대한봉의 힘찬 기상 (20120906)
2. **대한봉** : 동도에서 본 대한봉 정상 (20081017)
3. **대한봉 동쪽 능선** : 암벽으로 가파르게 이어진다. (20131017)
4. **대한봉 능선** : 동도에서 본 대한봉 (20200717)
5. **대한봉 산사태** : 화산암으로 형성된 독도는 경사가 급하고 지반이 약하여 여러 곳에서 산사태가 발생하고 있다. 서도 대한봉(168.5m) 동남쪽 벽면에서 발생한 대형 산사태 (20120906)

▷ 물골 해변
가제바위 바다에서 본 물골과 대한봉 (20080807)

◁ 물골(우물)
서도 북쪽에 있는 물골은 굴 천장에서 떨어진 물을 받아 저장해 놓은 곳으로, 예전 독도에 살았던 어민들과 독도의용수비대 대원들은 이 물을 먹고 살았다. 물이 약 30~40드럼 정도 저장돼 있으며 가물어도 수량은 넉넉하다. 그냥 마시면 물맛이 좋지만, 끓이면 약간 짜다. (20140910)801)

▽ 몽돌 해변
독도에는 5곳의 몽돌 해변이 있다. 서도 물골 해변 (20120906)

△ 물골 계곡 여름
나무 계단이 설치되기 전 물골 계곡 길은 로프를 설치하면서 다녔다. (20080809)

▷ 물골 계곡
새로 설치한 물골 계곡 나무 계단 길 주변에는 사철나무 등 식생이 다양하다. (20140516)

▷▷ 물골 계곡
서도 대한봉에서 물골로 내려가는 물골 계곡은 경사가 급하고 북향으로, 수분 증발이 적어 식물과 나무가 많이 자란다. 이 지역은 해가 드는 시간이 짧아, 조금만 늦어도 좋은 사진을 찍기 어렵다. (20180428)

△ 보찰바위
바위손 또는 거북손이라고 부르는 조개류가 바위 틈에 붙어산다. 사투리로 보찰이라고 부른다. 보찰은 독도 바다 전 지역에 많이 분포되어 있다. (20140516)

╱ 미역바위
해녀들이 미역을 따던 바위 (20120907)

▷ 삼형제굴바위
동도와 서도 사이에 있는 바위로 동굴이 셋 있는 바위로, 공암바위라고도 부른다. (20081017)

◁ 삼형제굴바위 풍경
동도 부두에서 본 동도와 서도 바다의 아침 풍경. 탕건봉·삼형제굴바위가 평온하게 보인다. (20200723)

1	2	5
3	4	

1. **상장군바위** : 서도 서북쪽 해변에 있는 바위. 가제굴에서 본 상장군바위는 오전에 잠깐 해가 들어온다. (20170805)

2. **상장군바위** : 대한봉 능선에서 본 상장군바위 (20140516)

3. **상장군바위** : 코끼리바위 부근 바다에서 본 모습 (20220804)

4. **상장군바위** : 바다에서 본 모습 (20080807)

5. **숨은벽** : 서도 물골 계곡 가는 길 중턱 계단 우측에 있는 대형 주상절리로 외부에서는 보이지 않아 저자가 숨은벽이라 이름을 지었다. 바위 하단부에 사철나무가 넝쿨 식물처럼 엉켜서 자란다. (20140516)

주민숙소 : 경상북도 울릉군 울릉읍 독도안용복길 3. 최종덕이 거주하였고, 주민 김성도, 김신열 내외가 살았다. 1997년 11월 증축, 2011년 8월 개축하였다.

1. 구(舊) 주민숙소: 1997년 11월 증축 (20060825)
2. 구(舊) 주민숙소 : 대한봉 계단에서 본 모습 (20060825)
3. 주민숙소 : 2011년 8월 5일 개축 (20170923)
4. 주민숙소 : 대한봉 계단에서 본 모습 (20110812)
5. 지네바위 : 이진해라는 어민이 미역을 채취하던 바위로 진해바위라고 불렀으나 이후 음운변화하여 진해를 지네라 불러 붙여진 이름 (20140516)
6. 자연 방파제 : 몽돌 해변이 파도에 의하여 생겼다 사라지기를 반복하며, 방파제 역할을 한다. 주민숙소로 밀려오는 거센 북풍 파도를 막아준다. (20180427)
7. 자연 방파제 : 독도의 몽돌은 화산석으로 가벼워 파도에 의하여 쉽게 움직여 모였다 사라지기를 반복한다. (20150922)

1	2		5
3	4	6	7

| 1 | 2 | 3 |

1. **촛대바위** : 엄지손가락을 치켜세운 모습 (20060825)
2. **촛대바위** : 보는 방향에 따라 다양한 모습 (20081016)
3. **촛대바위의 위용** : 독도의 상징적인 바위. 엄지손가락을 치켜세운 힘찬 모습의 아름다운 바위로 장군바위·성모마리아바위·미륵바위·권총바위·기도바위 등 보이는 각도에 따라 여러 이름으로 불렀다. (20140515)

▷ 바다 : 대한봉 능선에서 본 동도와 서도 사이 바다는 수심이 얕아 속살이 훤히 보인다. (20120906)

▷ 해식 동굴 : 동도 망양대에서 본 얼굴바위 앞바다. 파도로 깎여 폐진 해안 바위 사이로 형성된 해식 굴이 독립문 바위까지 이어진다. (20180427)

◁ 탕건봉 사철나무 : 서도 탕건봉은 바다에서 우뚝 솟아오른 힘찬 기상으로 독도를 상징한다. 정상부 주상절리에 사철나무가 자생한다. 중간에 황토색으로 보이는 부분은 황토 진흙이 굳어진 것이다. (20060824)

12. 독도에 가면

수천 년간 바람과 파도가 빚어내, 자연스러운 아름다움이 빛나는 천혜의 섬 독도, 그곳에 가면 상상 그 이상의 풍광을 볼 수 있다. 힘찬 위용의 대한봉 등산과 어족 자원이 풍부한 바다낚시, 21개의 동굴 탐사, 수영 등 레저 스포츠와 관광을 즐길 수 있고 둘러보는 모든 것이 자연스럽고 아름다운 섬, 그곳에 가고 싶다.

화보로 보는 독도의 일상

1) 독도에 사는 사람들의 일상생활 184~186

2) 독도에 있는 여러 가지 표식 187~189

3) 독도의 지질과 암석 190~193

◁ 여명
술패랭이꽃이 활짝핀 독도의 일출에 비친
서도 대한봉과 동도 우산봉 전경
(20200723)

1	2	4
3		

1. **괭이갈매기** : 독도는 갈매기의 산란지로 천혜의 조건을 갖추고 있다. (20140515)

2. **독도 경비대원** : 경계 근무와 탐방객 안전을 위해 활동한다. (20150924)

3. **동도와 서도 사이 바다** : 독도 부두에 도착하면 볼 수 있는 모습. 촛대바위·닭바위·구등대터 (20220804)

4. **탐방객** : 우리나라 최동단 여객선 부두로, 울릉도에서 출발한 유람선이 4월~11월 초까지 1일 약 1,000~2,000여 명, 1년에 약 20만~30만 명이 독도를 방문하여 30분간 동도 부두에 체류한다. (20120907)

▷ **오고 가는 배** : 분주하게 오고 가는 유람선과 행정선. 부채바위·동도부두 (20150922)

▷ **유람선** : 독도를 한 바퀴 선회하는 유람선 (20140912)

◁ **우리 영토 주권 수호** : 우리 국토 최동단 독도 동도 부두에서 경상북도 의회를 개회하고 있다. 우리 땅 독도 지킴이 행사로 영토 주권을 확고히 하였다. (20061010)

◁ 비 오는 날 : 폭우가 쏟아져 내리면 대한봉에서 작은 폭포가 형성된다. (20120908)

▷ 동도의 오후 : 독도에는 3층 건물 3개 동이 있다. 동도에는 건물 2개 동과 발전기실·헬리콥터 착륙장·삭도·송신탑 등 여러 시설이 동도 정상부에 모여 있다. (20120907)

╱ 도로명판 : 서도 부두에 있다. (20120906)

▽ 도로명판 : 동도 부두에 있다. (20150922)

▷ 여유
바다가 잔잔한 맑은 날 오후, 유람선이 도착한 동도 부두에 괭이갈매기가 두둥실 날아다니고 동도 계단 길과 부채바위, 고기잡이배가 어우러져 평온한 일상이다. (20180427)

▷ 수영
여름날 오후 서도 물골 몽돌해변 바다가 거울같이 맑아 물속이 훤히 보인다. 수영하는 이명호 선생과 저자 (20080809)

◁ 환희
너울성 파도에 뱃멀미하면서 동해를 건너온 탐방객들이 동도 부두에 내리면, 저마다의 방식으로 독도 사랑을 표현한다. (20120906)

△ 환송

삼대가 덕을 쌓아야 독도에 내릴 수 있다고 한다. 날씨가 좋으면 매일 찾아오는 탐방객을 반갑게 맞이하고, 30여분 만에 떠나는 탐방객을 환송하는 독도경비 대원과 고 김성도 이장 (20131014)

▷ 귀향

독도 탐방객을 태운 유람선이 동도 부두를 떠나 울릉도를 향해 힘차게 물살을 일으키며 귀향하고 있다. (20120907)

1) 독도에 사는 사람들의 일상생활 (1)

사람이 사는 섬 독도 : 독도에서의 생활은 섬이라는 어려운 조건이지만, 보통 사람들이 사는 일반섬과 동일하다. 독도경비대원과 독도등대원·119구조요원·독도관리사무소 직원·독도주민 등 평소 40~50여 명이 독도에 살고 있다.

또, 재미있는 이야기는, 저자가 답사 갈 때마다 김성도 이장 부부와 식사 후 담소를 나누는데, 귀신 이야기 체험담을 자주 들려준다.

물골에서 잠자지 말라고 신신당부하신다. 처녀 귀신이 나와 여기가 어디라고 잠을 자냐고 귓방망이를 때린다고 하며 나타난다고 한다. 또, 혼불이 동도에서 서도로 휙 날아온다고 한다.

현대 과학으로 증명할 수 없는 이야기를 여러 분들이 독도에서 귀신을 보았다고 증언하였다.

주민숙소

구 주민숙소 야경

주민숙소 내부 모습

독도호

고무보트

낚시 장비

밥상

독도 주민 김신열, 김성도

해녀 작업

김성도 이장의 방어잡이

독도관리소 직원과 김성도 이장

독도 주민숙소 표석

물골 우물 외부

담수화 시설

독도경비대원

독도경비대원

독도경비대원

독도경비대원

구 등대 터

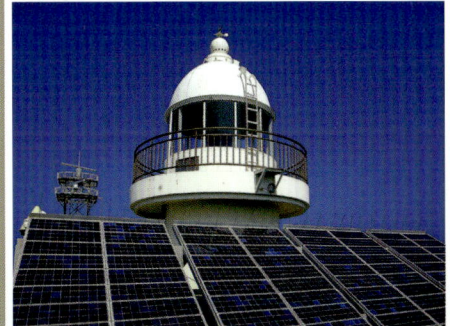
독도등대

독도등대 계단

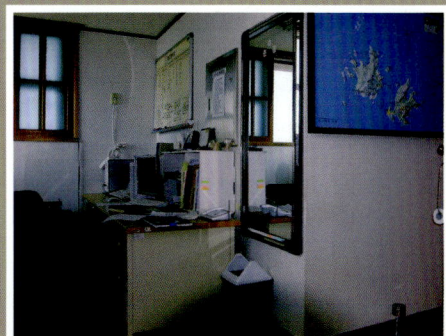
독도등대 사무실

독도등대 직원 김현길과 저자(안동립)

독도등대 전기실

등명기   등대시설

독도등대

해산물건조

홍해삼

보찰

몽돌게(몽돌 속에 살며 손톱보다 작다.)

187

1) 독도에 사는 사람들의 일상생활 (2)

독도경비대원

독도경비대원

순직 독도경비대원

경찰항공대 헬리콥터

정화조처리 차량

공사 장비

주유 차량

바지선

경비대 발전기

주민숙소 발전기

주민숙소 장비

촛불

청소년 탐방대

최초 독도 주민 최종덕

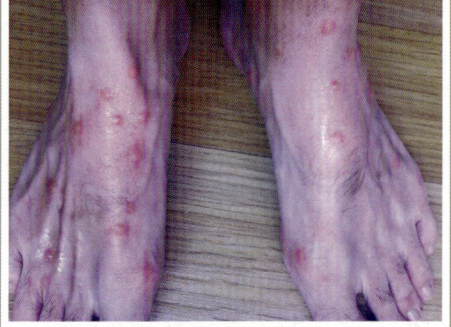
깔따구 피해

폐수 정화 저장댐

*독도에 있는 여러 가지 표식이나 간판 등 우리 영토 주권 행사로 만들어진 시설물들

2) 독도에 있는 여러 가지 표식 (1)

2) 독도에 있는 여러 가지 표식 (2)

독도에 설치된 측량표식

독도에 설치된 계측기

독도의 각종 표지판

독도의 우체통·도로명주소

3) 독도의 지질과 암석 (1)

독도는 화산암으로 형성되어 몽돌 해안 5곳과 동도에는 모래가 쌓이고 있어, 때 묻지 않은 자연사 박물관이다.

3) 독도의 지질과 암석 (2)

Ⅱ. 우리 영토 연구 논문 요약본

저자는 우리 영토 주권 인식 강화를 위하여 독도와 우리 영토를 연구하여 8편의 논문을 학술지에 등재하여 발표하였고, 최근 연구중인 최초의 독도 등대 이름 연구 1편은 이 책에서 처음 소개합니다. 그동안 연구 발표한 논문 내용 일부를 요약하여 소개하며 또, 독도에서 볼 수 있는 여러 가지 일상 생활의 모습을 화보로 구성하였습니다.

1. 독도 지명 연구 ··· 108~173
   (안동립, 1차 연구 200505, 2차 연구 한국지도학회지 게재, 발표 20080910)

2. 독도에 새겨진 암각 글자의 분석과 영토 인식 ················· 198~201
   (안동립, 한국지도학회지, 단보 게재 201712)

3. 독도의 산사태 지점 현황 및 변화 양상 ···························· 202~203
   (안동립, 전창우, 한국지도학회지, 논문 게재 20190420)

4. 독도의 동굴 분포와 지형적 특성 ······································ 204~208
   (안동립, 신원정, 최재영, 동북아역사재단, 영토해양연구 논문 게재 20190621)

5. 독도 주변의 바위섬(암초) 분포와 지도 제작 실태 분석 ············ 209~213
   (안동립, 이상균, 한국지도학회지, 21권 제3호 논문 게재, 2021)
   (독도의 섬 갯수 비교 연구, 제10회 전국해양 문화 학자대회, 게재 발표 2019704~07)

6. 안용복의 울릉도 도해 및 도일 경로에 대한 비판적 고찰 ········ 214~215
   (이상균, 안동립, 영남대학교, 독도연구 27호 논문 게재 20191227)

7. 독도에 새겨진 한국 한국령 암각문의 주권적 의미와 보존 방안 ·········· 216~217
   (안동립, 이상균, 동북아역사재단, 영토해양연구 논문 게재 20201013)

8. 안용복의 도일 선박 복원에 관한 비판적 고찰 ······················· 218~219
   (이상균, 안동립, 영남대학교 독도연구소, 독도연구 제32호 논문 게재 20220630)

9. 최초의 독도 등대 이름 연구 (안동립 2023) ······························· 220~222

2. 독도에 새겨진 암각 글자의 분석과 영토 인식
(안동립)

요약: 본 연구의 목적은 원시시대부터 살았던 사람들의 여러가지 흔적을 살펴보기 위함이다. 암각은 가장 원초적인 언어로 당시 자신들이 살아온 발자취를 보여준다.
독도에는 암각으로 된 여러 글자가 남겨져 있는데 한글, 한문, 영어, 그림이 있다. 본 연구의 취지는 독도에 새겨진 암각을 조사하여 그 의미와 영토 인식을 알아보고 분석해 보고자 함이다.

I. 연구 배경 및 목적
1) 독도에 새겨진 여러 가지 형태의 암각 글자를 볼 수 있다.

동도는 지형이 비교적 완만한 경사로 독도의용수비대원과 독도경비대와 독도등대원 등 행정 인력이 많이 상주하여 한문으로 된 영토 개념의 글자가 많고, 서도는 급경사 지형으로 배가 쉽게 접근하기 어렵지만 사람이 살 수 있는 조건을 갖춘 물골 식수와 사철나무 등 다양한 식생으로 어민이나 민간인이 장기간 상주하였다.

이들이 독도에 상주할 때 한글과 그림, 영어 등을 바위에 새긴 흔적이 지금까지 남아있는데 서로 이름을 비교하여 동일 인물인지 파악하고.

2) 일본인이 상주하여 바위에 사람 이름이나 일본 글자를 새긴 것이 있는지 찾아본다.

3) 안타깝게도, 독도의 암각 글자 중에 많은 수가 풍화 작용으로 소멸하고 있어 암각을 연구하여 보존하고자 한다.

III. 결론

본 연구에서 독도에 있는 암각 글자가 영어, 한문, 한글, 그림으로 동서도에 골고루 분포돼 있지만, 일본어나 일본식 이름으로 된 암각서는 찾아볼 수 없다. 일본 어부들이 도해 면허를 받아 독도에서 불법 어로행위를 한 사실은 있으나 상주하여 장기간 생활한 흔적을 찾을 수 없다.

1948년 6월 8일 미군 전투기의 폭탄 투하 훈련으로 150여 명이 죽은 명단과 1953년부터 1956년 12월까지 활동한 독도의용수비대원 45명의 이름을 독도 암각 글자에 나오는 이름과 비교해 보면 한 명도 같은 이름이 나오지 않는다.

옛날부터 울릉도와 동해안의 어부들이 독도를 인식하고 독도 주변에서 어로행위를 하였다. 우리 선조들은 활발하게 독도를 오가면서 장시간 체류하며, 거친 환경에 적응하면서 생활하였다. 날카로운 도구를 사용하여 정성스럽게 새긴 여러 글자는 외로움과 무료함을 달래기 위함으로 사료된다.

독도는 울릉도나 동해안 어부들의 생활 터전이었기에 당연히 우리 영토로 인식되어있다. 풍화된 글자로 알아보기 어려운 글자는 새긴 연대가 오래된 것으로 추정된다.

* 사진 출처 : 韓國領 글씨 (http://www.dokdocenter.org)
* 2005년 복원 유실사진, 최선웅 제공
* 독도의용수비대원 자료 (독도총서 2008, 경상북도)
* 교열, 오문수
* 연구자 동아지도 대표 안동립 starmap7@hanmail.net

*이 연구 논문은 한국지도학회지 2017년 12월 호에 단보로 게재 발표된 내용 중 지도 부분만 요약, 발췌하여 소개합니다.

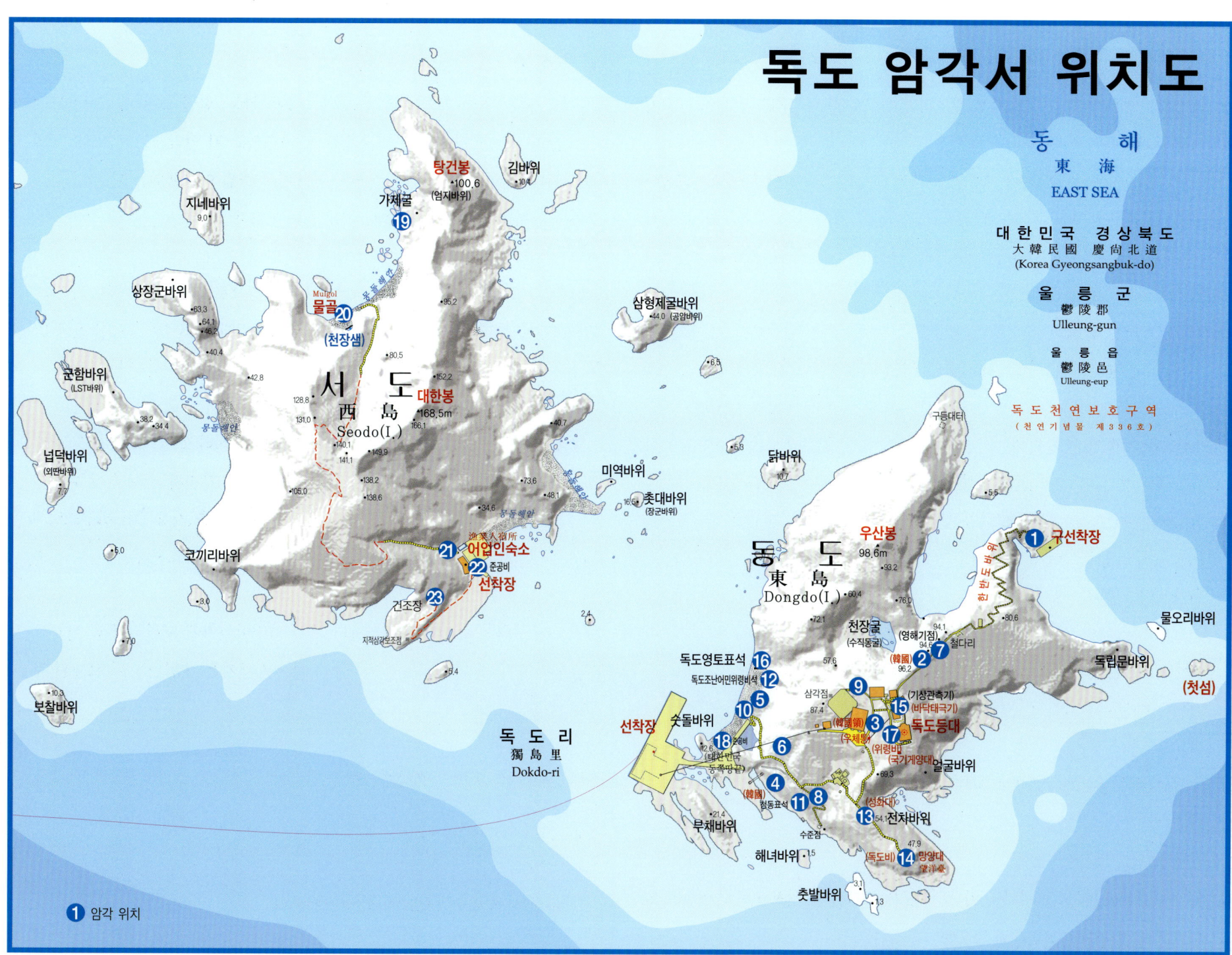

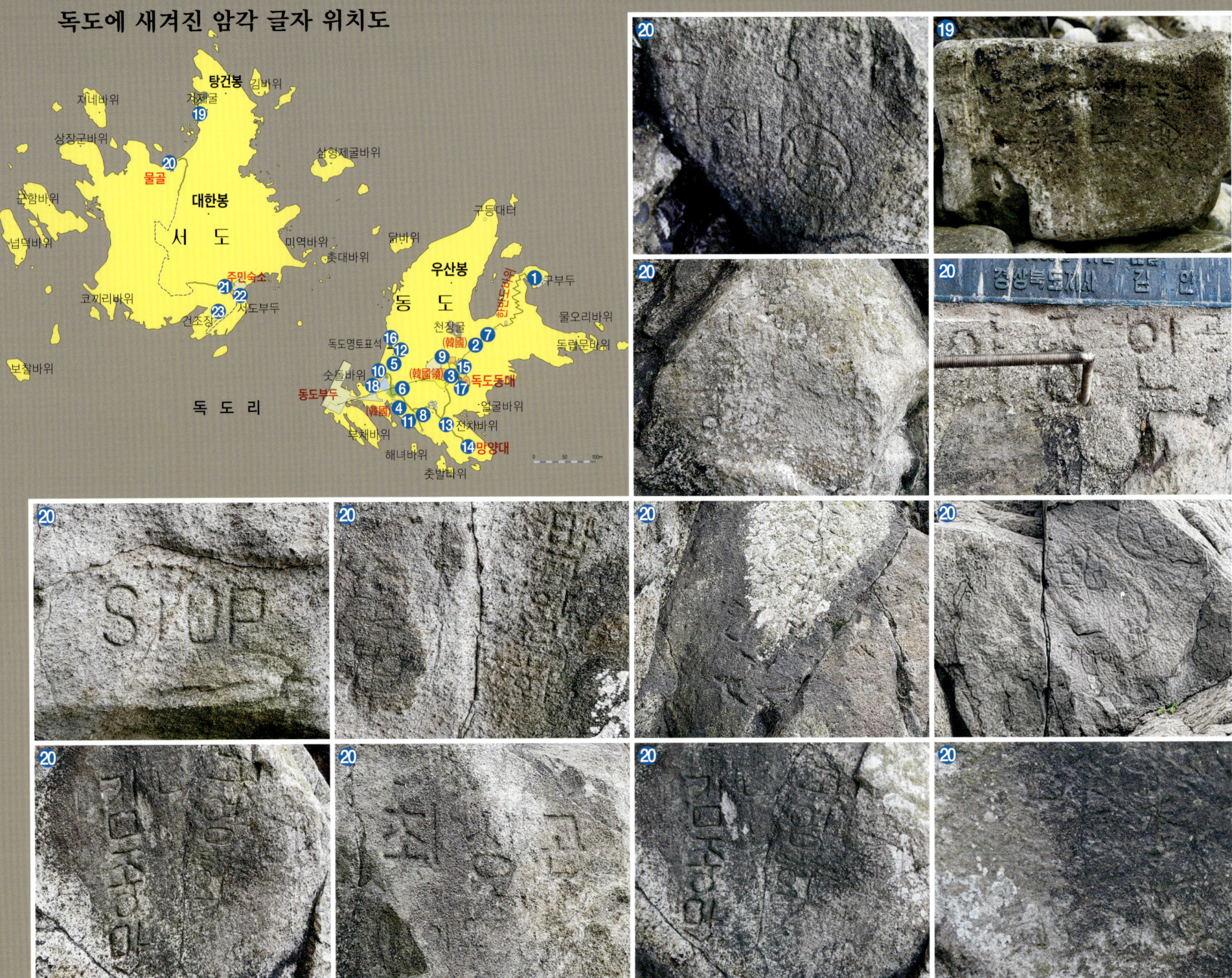

독도에 새겨진 암각 글자 위치도

3. 독도의 산사태 지점 현황 및 변화 양상 (안동립, 전창우)

독도의 산사태 지점 현황

서도 가제굴 산사태 지역(20170801)

서도 가제굴 산사태 지역(20150921)

서도 가제굴 산사태 지역(20170801)

서도 물골계곡 산사태 지역(20120906)

서도 주민숙소 해변 산사태 지역(20120908)

서도 주민숙소 해변 산사태 지역(20120908)

동도 부두 산사태 지역(20120907)

연구 논문(3)   *이 연구 논문은 한국지도학회지 2019년 4월 호에 논문으로 게재 발표된 내용 중 지도 부분만 요약, 발췌하여 소개합니다.

가제굴 산사태 지역(20170801)

대한봉 동측 산사태 지역(20060825)

대한봉 동측 산사태 지역(20120906)

대한봉 동측 산사태 지역(20131017)

대한봉 동측 산사태 지역(20140516)

대한봉 북서쪽 변화(20070510)

대한봉 북서쪽 변화(20080807)

대한봉 북서쪽 변화(20120906)

대한봉 북서쪽 변화(20150922)

4. 독도의 동굴 분포와 지형적 특성 (안동립, 신원정, 최재영)

국문 초록 : 본 연구의 목적은 독도에 존재하는 동굴의 지리적 분포와 각 동굴의 지형적 특성에 대해 살펴보는 것이다.

독도가 지니는 지형학적 연구 가치에도 불구하고 독도의 지형에 대한 연구는 그 수가 많지 않으며, 동굴에 대한 연구는 더욱 찾아보기 힘들다. 조사결과 독도에는 총 21개의 동굴이 있는 것으로 나타났으며 서도에 13개, 동도에 8개의 동굴이 확인되었다. 동굴의 형태상으로는 관통동굴이 가장 많았으며, 시아치에 해당되는 지형이 가장 많았다. 이 동굴들의 주요한 형성 요인은 파랑 에너지에 의한 침식작용으로 계절에 따라 다르게 접근해 오는 파랑 에너지에 의해 동굴이 형성되었다고 할 수 있다. 또한 독도에는 비교적 풍화, 침식에 대한 저항력이 약한 응회암이 많이 분포한다는 점 및 화산 활동에 의한 단층 및 절리들이 다수 분포한다는 점 역시 동굴 지형 발달에 큰 영향을 미쳤다고 할 수 있다. 따라서 파랑에너지 및 기반암 조건, 그리고 구조적 요인이 모두 복합적으로 작용하여 침식을 발생시킨 것으로 보인다.

연구가 이루어진 21개의 동굴 중 원래부터 명칭이 있던 동굴은 동도의 천장굴과 서도의 물골밖에 없다. 아직 정식 명칭이 없는 동굴들에 대한 명칭 부여 및 지속적인 학술적 관심이 요구된다.

〈주제어〉 독도, 동굴, 지리적 분포, 지형적 특성, 관통동굴, 시아치, 응회암

독도의 서도와 동도에 분포하는 동굴들

서도의 동굴(13곳) : 탕건봉굴, 가제굴, 물골, 군함바위동굴1, 군함바위동굴, 군함바위동굴3, 상장군바위동굴, 코끼리바위굴, 코끼리바위 속동굴, 주민숙소 수중동굴, 몽돌밭 막장굴, 삼형제굴1, 삼형제굴2

동도의 동굴(8곳) : 천장굴, 천장굴입구동굴, 천장굴속동굴, 구부두굴, 독립문바위 해식애, 독립문바위굴, 동도부두굴, 등대굴

독도 동굴의 형태

관통동굴(14개) : 탕건봉굴, 군함바위동굴1, 군함바위동굴2, 군함바위동굴3, 상장군바위동굴, 코끼리바위굴, 코끼리바위 속동굴, 삼형제굴1, 삼형제굴2, 천장굴입구동굴, 천장굴속동굴, 구부두굴, 독립문바위굴, 동도부두굴

막장굴(5개) : 가제굴, 물골, 몽돌밭 막장굴, 독립문바위 해식애, 등대굴

수중굴(1개) : 주민숙소 수중동굴   **수직동굴(1개)** : 천장굴

독도에 분포하는 동굴의 형태적 특징

동굴 이름	관찰되는 지형	기반암	동굴의 형태
1) 탕건봉굴	해식동, 시아치	응회암	삼각형 형태
2) 가제굴	해식동	응회암	높이에 비해 폭이 더 넓은 형태
3) 물골	해식동, 주상절리	조면암	둥근 형태
4) 군함바위동굴1	시아치, 타포니	조면암	좁고 긴 형태
5) 군함바위동굴2	시아치, 타포니	조면암	얕고 넓은 납작한 형태
6) 군함바위동굴3	시아치, 타포니	조면암	절리선이 반영된 형태
7) 상장군바위동굴	시아치, 타포니	응회암, 조면암	높이와 너비가 비슷한 형태
8) 코끼리바위굴	시아치, 주상절리, 타포니	응회암, 조면암	좁고 긴 형태
9) 코끼리바위 속동굴	시아치	조면암	높이에 비해 폭이 더 넓은 형태
10) 주민숙소 수중동굴	해식동	–	
11) 몽돌밭 막장굴	해식동, 자갈해빈	응회암	삼각형 형태
12) 삼형제굴1	시아치, 시스택, 주상절리	조면안산암	둥근 형태
13) 삼형제굴2	시아치, 시스택, 주상절리	조면안산암	삼각형 형태
14) 천장굴	침식와지, 해식동	응회암	와지 형태
15) 천장굴입구동굴	시아치	응회암	폭에 비해 높이가 높은 형태
16) 천장굴속동굴	시아치	응회암	절리선이 반영된 형태
17) 구부두굴	시아치	응회암	둥근 형태
18) 독립문바위 해식애	해식애, 해식동	응회암	좁고 긴 형태
19) 독립문바위굴	시아치	응회암	좁고 긴 형태
20) 동도부두굴	해식동, 타포니	응회암	좁고 긴 형태
21) 등대굴	해식동, 단층, 암맥	응회암	폭에 비해 높이가 높은 형태

*이 연구 논문은 동북아역사재단 발행, 영토해양연구 논문집에 (2019년 6월 21일) 게재 발표된 내용 중 지도 부분만 요약, 발췌하여 소개합니다.

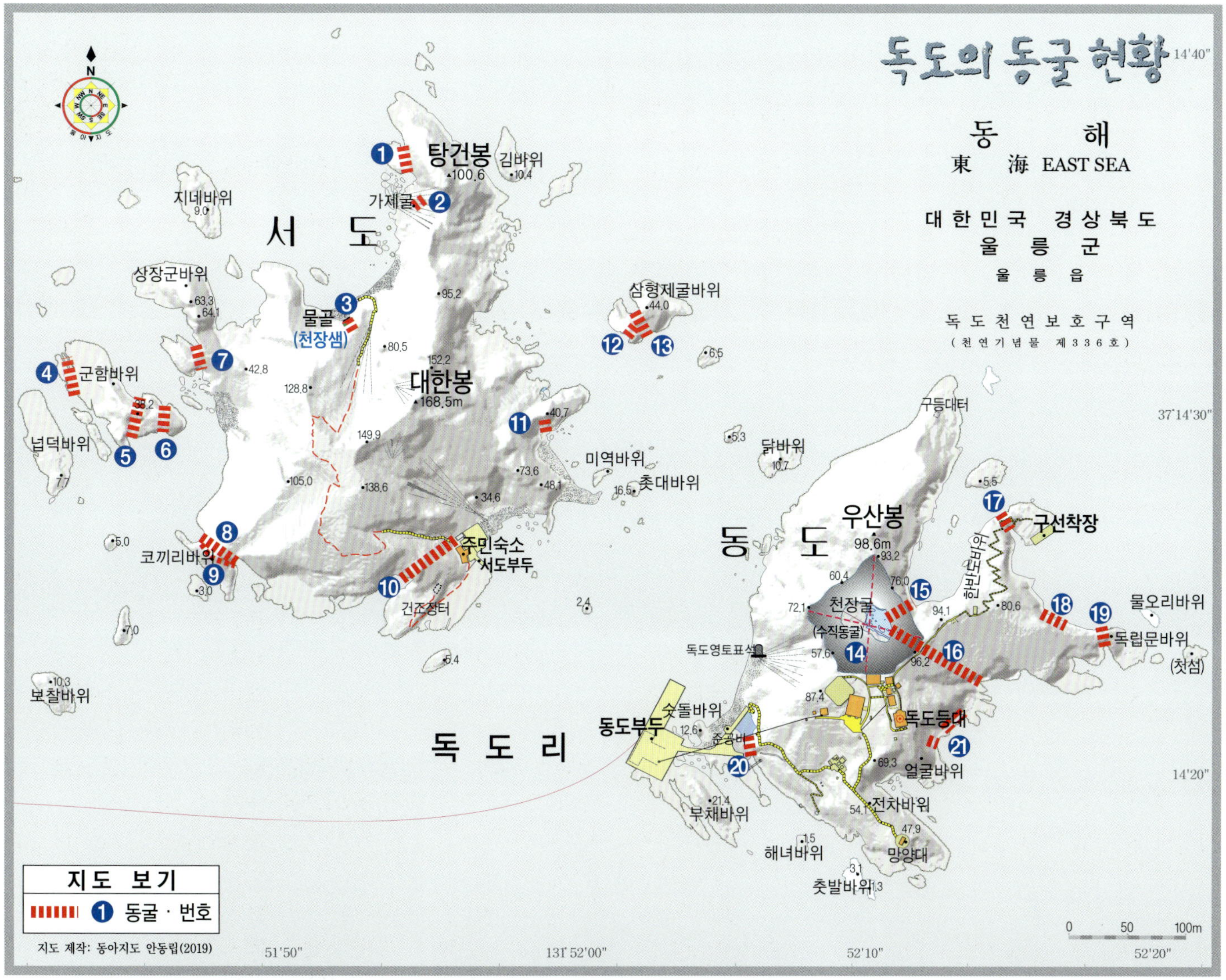

독도의 동굴 현황

동해
東海 EAST SEA

대한민국 경상북도
울릉군
울릉읍

독도천연보호구역
(천연기념물 제336호)

지도 제작: 동아지도 안동립(2019)

❸ 물골 굴 입구

❸ 물골 물 저장소

❷ 가제굴 입구

❶ 탕건봉굴 외부

❶ 탕건봉굴 내부

❷ 가제굴 내부 집터

❷ 가제굴 내부

❹ 군함바위동굴1 입구

⓮ 천장굴 외부

❺ 군함바위동굴2 내부

❺ 군함바위동굴2 입구

❻ 군함바위동굴3 내부

❼ 상장군바위동굴

❼ 상장군바위동굴 내부

❹ 군함바위동굴1 내부

❹ 군함바위동굴1 내부

❸ 물골 입구

❽ 코끼리바위굴 남쪽

❽ 코끼리바위굴 북쪽

⑭ 천장굴 내부

⑮ 천장굴입구동굴

⑮ 천장굴입구동굴 내부

⑮ 천장굴입구동굴 입구

⑮ 천장굴입구동굴 내부

⑮ 천장굴입구동굴 내부

⑮ 천장굴입구동굴

⑯ 천장굴속동굴

⑯ 천장굴속동굴 입구

⑰ 구부두굴

⑱ 독립문바위 해식애

⑲ 독립문바위굴 서쪽

⑲ 독립문바위굴 동쪽

⑳ 동도부두굴 내부

⑳ 동도부두굴 입구

㉑ 등대굴 입구

5. 독도 주변의 바위섬(암초) 분포와 지도 제작 실태 분석 (안동립, 이상균)

I. 서론

일본의 영유권 주장으로 한일 간에 첨예한 갈등 상황에 놓인 독도는 오늘날 한국인들에게는 대단히 중요한 영토로 인식된다. 독도에 관한 일반현황은 2005년에 고시된 관련 근거에 기반하여 관리되는데, 2005년에 고시된 관련 근거에 따르면, 독도의 부속도서는 동도와 서도 외에 89개로 알려져 있으며, 현재 외교부 홈페이지에도 독도는 동도와 서도 외에 89개의 부속도서로 이루어져 있는 것으로 명시되어 있다.

(독도의 일반현황은 2005년 6월 28일 자 동북아의 평화를 위한 바른역사정립기획단 고시 제2005-2호, 행정자치부 고시 제2005-7호, 건설교통부 고시 2005-164호, 해양수산부 고시 제2005-30호를 통해 공식화되었다.)

그런데, 관련 기관들이 제작한 지도에는 오류가 적지 않게 드러난다.

지금까지 독도 주변 수역에 산재되어 있는 부속 암초들에 관해서는 국토교통부(국토지리정보원), 행정자치부(한국국토정보공사), 해양수산부(국립해양조사원)와 같은 국가기관과 민간 지도제작사 등에서 지도를 제작하였는데, 최근에 이들 기관에서 제작된 지도를 확인한 결과, 상당한 차이가 있는 것으로 파악되었다. 예컨대, 2019년에 국토지리정보원에서 제작된 국가기본도에는 독도의 부속도서 수가 총 193개로 표현되었으며, 동년에 제작된 행정자치부의 지적도에는 89개, 국립해양조사원에서 제작된 해도에는 81개로 표현되어 있다. 이러한 통계는 2005년에 고시된 정부 자료와도 크게 다른 것인데, 이러한 문제는 지난 15년간 계속되었으며, 아직도 명확하게 정리되지 않은 상태이다.

오늘날 독도는 한국에서 그 어떤 영토보다도 중요하게 여겨지고 있는데, 독도의 부속 섬으로 인식되고 있는 암초의 개수가 제대로 파악되지 않고 있는 문제는 추후 영유권의 정당성에도 심각한 문제가 초래될 수도 있다. 따라서 이 연구는 독도에 지번이 처음으로 부여된 1961년부터 최근까지 관계 기관 및 민간 지도제작사에서 제작된 독도 지도를 비교·분석함으로써 독도의 부속도서 또는 부속 바위섬(암초)에 대한 인식의 오류가 발생된 원인을 찾아내고, 개선 방안을 제시하는 것이 목적이다.

(국립해양조사원의 전신인 해군 수로국에서는 1954년 9월 30일부터 10월 22일까지 23일간 측량팀을 구성하여 독도 주변 약 1km2의 수심을 조사하여 간출암 등에 대한 조사를 실시하였다. 그 후, 1961년 12월 26일부터 1962년 2월 26일

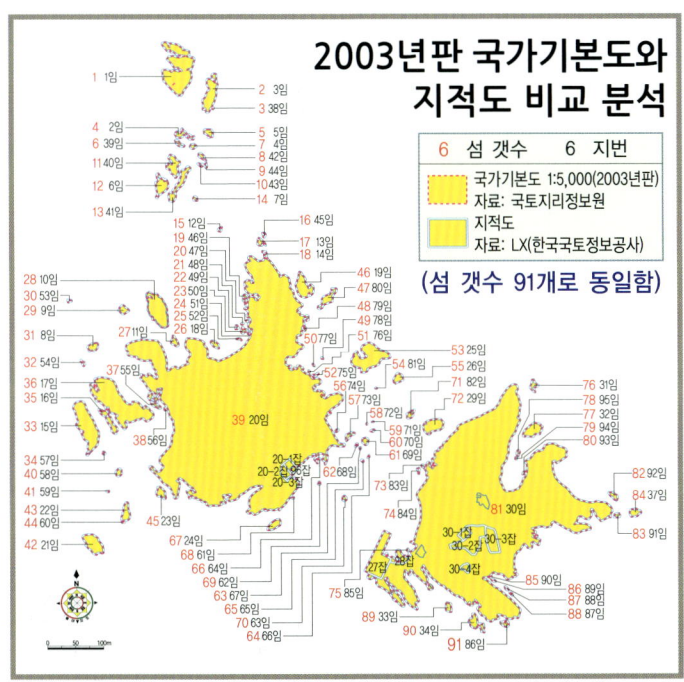

(1) 2003년 판 국가기본도와 지적도 비교 분석

(2) 2003년 판 독도 1/5000 국가기본도

*이 논문은 제10회 전국해양 문화 학자대회(2019년 7월 4일~7일)에서 초록 발표, 한국지도학회지, 21권 제3호 논문 게재, 2021년에 발표된 내용 중 서론 부분만 요약하여 소개합니다.

62일간 국토지리정보원의 전신인 국립건설연구소에서는 독도의 지형도 제작을 목적으로 평판측량을 시행하였고, 동도 정상에 측지기준점을 설치하였다.(김일·김경수, 2008)

독도 주변 수역에 분포하는 바위섬 및 암초의 현황 파악에 혼선이 생겼던 문제를 규명하기 위해서는 우선, 2005년 무렵에 바위섬과 암초의 분포 및 수를 조사하고, 지도화했던 경위에 대해 먼저 검토해 볼 필요가 있다. 국가기본도를 바탕으로 지적도가 제작되었는데, 지적도에는 작은 암초까지도 기계적으로 임야로 지정하고, 지번을 부여했던 것을 알 수 있다.

지금까지 독도연구는 다양한 분야에서 꾸준하게 이루어지고 있는데, 독도의 부속도서 또는 암초의 수에 관한 직접적인 연구는 전무하다.

(일반적으로 암초(暗礁)는 해수면보다 낮은 바닷속에 잠겨 있는 암석을 의미하는데, 암석의 정상부가 해수면과 거의 비슷하거나 해수면보다 더 높은 고도에 위치하더라도 해상에 고립되어 있는 경우에는 암초라고 부르기

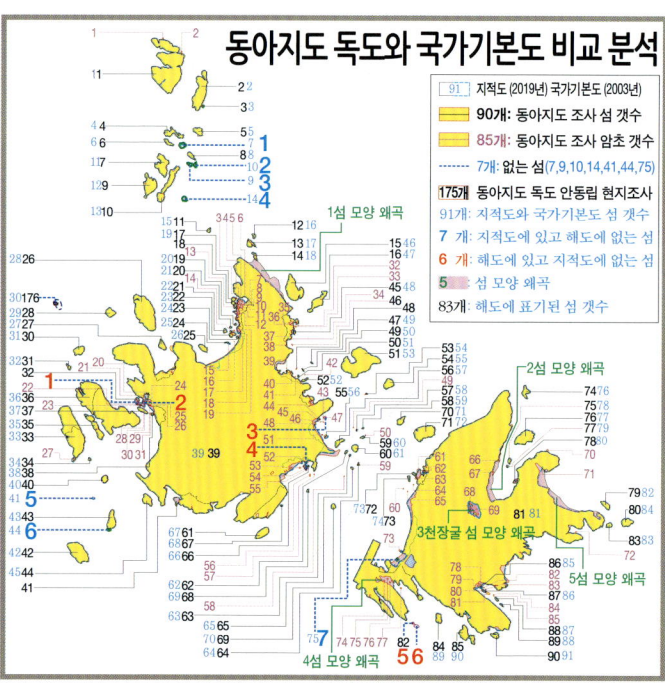

(3) 2003년 판 동아지도와 국가기본도 독도 비교 분석

(4) 2009년 판 동아지도 독도 부속 도서 개수

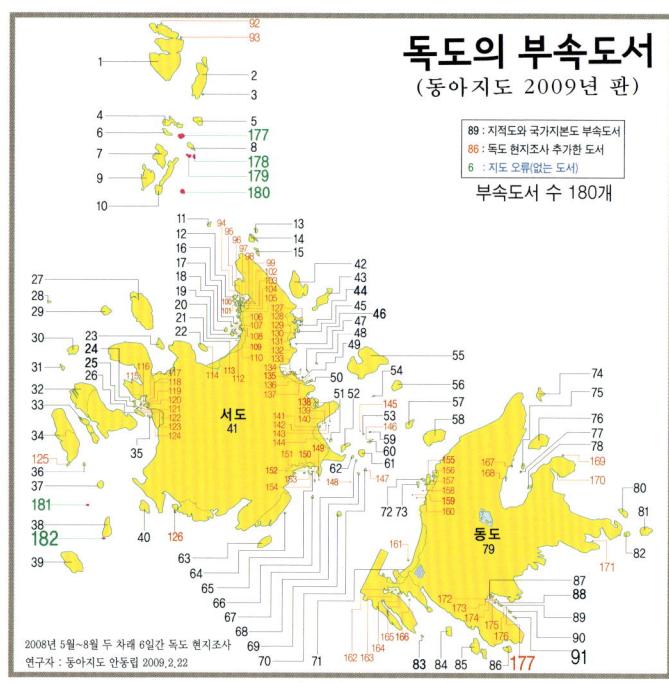

(5) 2009년 판 동아지도 독도 부속 도서 개수 비교

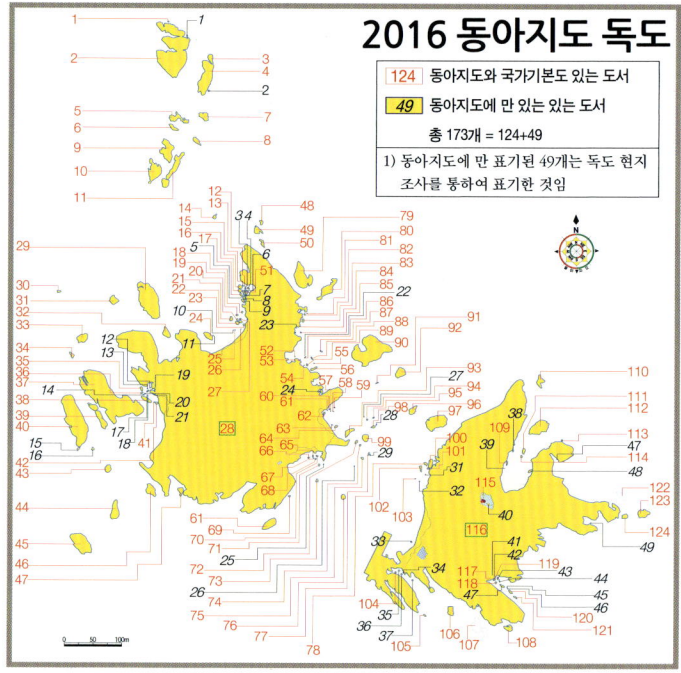

(6) 2016년 판 동아지도 독도 부속 도서 개수 비교

(1) 2019년 판 1/1000 국가기본도 독도 부속 도서 개수

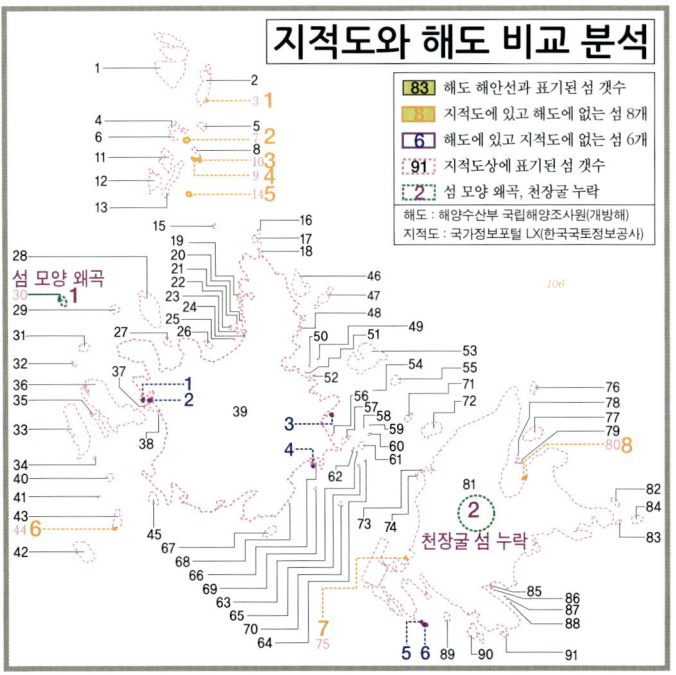

(2) 지적도와 해도 비교 분석

(3) 2016년 판 동아지도 독도 부속 도서 개수

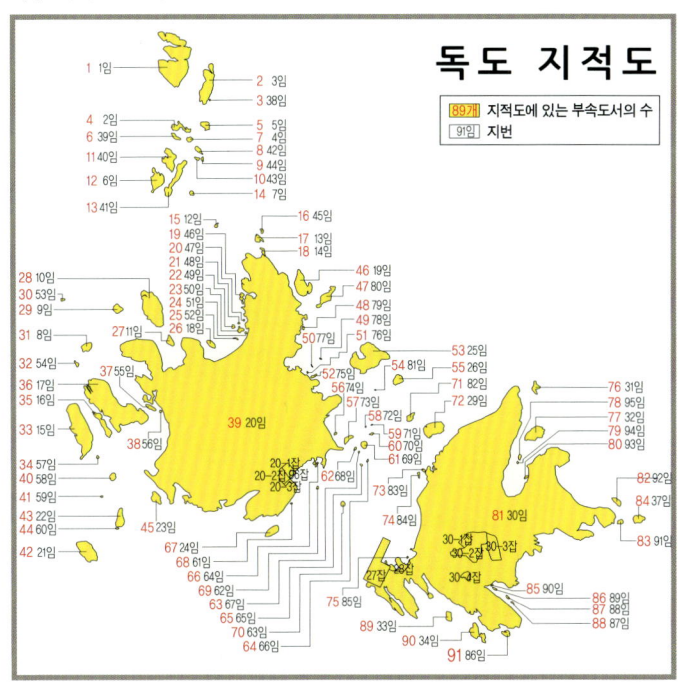

(4) 독도 지적도 섬 갯수 비교

도 한다. 간출암, 수상암 등도 암초와 유사하게 사용되는 용어이다(자연지리학사전편찬위원회, 1996, 355). 섬 명칭에 대한 사전적 의미는 '주위가 수역으로 완전히 둘러싸인 육지의 일부이고, 분포 상태에 따라 제도, 군도, 열도, 고도로 나뉘며, 생성 원인에 따라서는 육도와 해도로 나뉜다(국립국어원)'.

한편, 해양수산부에서는 독도 인근 해역에 존재하는 수중암초 11개에 대해 각각 해양지명(북항초, 가지초, 가제초, 삼봉초, 괭이초, 서도초, 군함초, 넙덕초, 부채초, 동도초, 강치초)을 부여하고 관보를 통해 고시한 바 있다. 이들 수중 암초는 본고의 연구 대상에서 제외된다.)

그렇지만, 문제의 근원을 찾기 위해서는 연관성이 있는 선행연구의 관련 내용을 검토할 필요가 있다. 먼저, 최선웅(2008)은 1952년부터 2006년까지 국가기관들과 한국 산악회, 일본의 국토지리원이 독도 지형도를 제작한 경위에 관하여 고찰한 바 있는데, 이 논문에서 독도 주변 수역에 산재해 있는 바위섬이나 암초들은 섬이나 도서와 같은 용어로 표현되지 않았으며, 간출암이나 암초 등과 같이 지칭되었다. 또한, 한국과 일본에서 제작된 지도를 비교하면서 한국 측 독도 지형도에는 부속 섬이 12개밖에 없는 반면, 일본의 지형도에는 50개의 부속 섬이 표현된 것으로 파악되었다.

(공간정보의 구축 및 관리 등에 관한 법률(제17007호, 2020. 2. 18.) 제6조 3항과 4항에 따르면, 측량의 기준은 다음과 같다. 3. 수로조사에서 간출지(干出地)의 높이와 수심은 기본수준면(일정 기간 조석을 관측하여 분석한 결과 가장 낮은 해수면)을 기준으로 측량한다. 4. 해안선은 해수면이 약최고고조면(略最高潮面: 일정 기간 조석을 관측하여 분석한 결과 가장 높은 해수면)에 이르렀을 때의 육지와 해수면과의 경계로 표시한다.)

이범관은 지적학 분야에서 독도의 필지 태양 연구(2004), 지목 변경의 필요성 연구(2006), 독도의 지적 재조사가 국익에 미치는 영향 연구(2007), 독도의 지번 특성 연구(2012), 독도통합홍보표준지침의 실효성 제고 방향 연구(2013) 등을 수행한 바 있는데, 이러한 연구성과는 본 연구를 통해 파악하고자 하는 독도 인근 수역에 분포하는 암초 현황 및 지도제작의 시작 단계를 파악하는 데 유용한 것으로 사료된다. 이범관의 관련 연구 내용은 본론에서 다시 다루고자 한다.

그 밖에 독도의 풍화 및 산사태에 관한 안동립·전창우(2019)의 연구는 독도의 부속 암초 분포 인식 및 지도제작 과정의 문제를 파악할 수 있는 단서를 제공하는 것으로 사료된다. 예컨대, 독도 상단부에서 풍화로 인하여 모암에서 분리되어 낙하하는 암석과 암설 등이 섬의 하단부와 해안가에 지속적으로 떨어지고 있는데, 2019년에 국토지리정보원에서 제작된 지도에는 이렇게 떨어진 크고 작

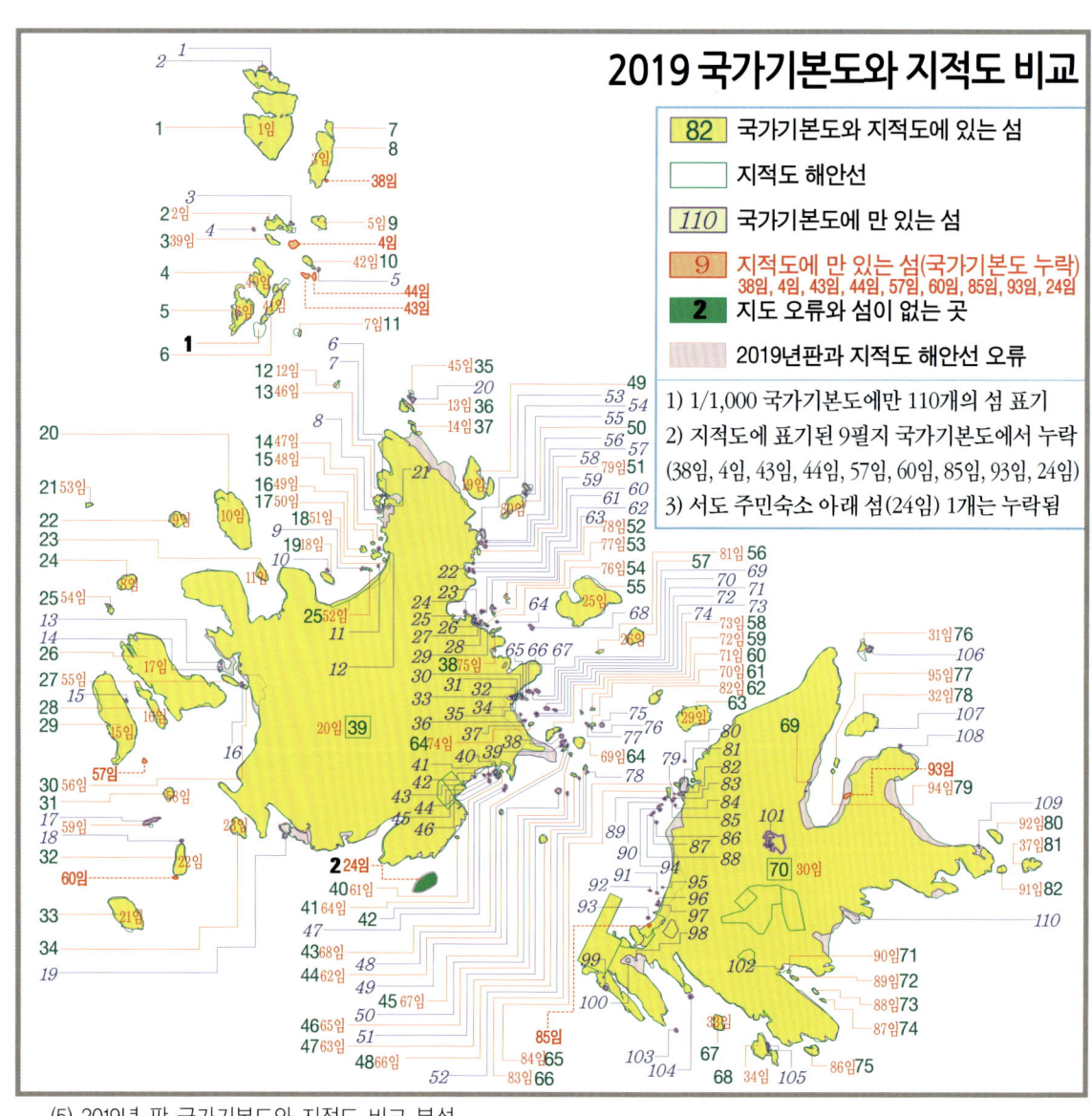

(5) 2019년 판 국가기본도와 지적도 비교 분석

은 바위까지 부속도서로 집계된 것으로 파악되었기 때문이다.

따라서 이 논문의 2장에서는 독도에 지번이 처음으로 부여되었던 1961년부터 2005년까지 독도 인근 수역에 분포하는 암초들에 대한 지도제작 경위를 파악하고자 한다. 3장에서는 2005년부터 2019년 사이에 독도 인근 수역의 암초에 대한 지도제작 상황을 검토하고, 4장에서는 2019년부터 현재까지의 지도제작 상황을 파악하고자 한다.

지금까지 한국 정부와 관계 기관에서는 독도 주변 수역에 분포하는 크고 작은 바위섬이나 암초들을 독도의 '부속도서'와 같이 지칭하고 표현하였는데, 이러한 바위섬이나 암초들을 부속도서로 표현하는 상황에 대해서는 논쟁의 여지가 있다고 사료된다. 따라서 본고에서는 독도 주변에 산재해 있는 바위섬이나 암초들을 기존에 통칭되었던 '부속도서' 명칭과 함께 '부속 바위섬' 또는 '부속 암초'와 같은 용어로도 다양하게 기술하고자 한다.

(독도 인근 수역에 분포하는 암초들에 대해 붙여진 명칭을 보면, 큰가제바위, 작은가제바위, 지네바위, 군함바위, 넙덕바위, 미역바위, 닭바위 등과 같이 섬(島)이 아닌 바위로 불리고 있다. 더욱이, 울릉도와 독도 간 최단거리를 산정할 때 독도 쪽 기점이 되는 바위는 아직까지 공식적인 명칭이 없으며 '똥여'라 불리기도 한다. 이러한 상황에서 이들 암초들을 부속도서로 부르는 것은 무리가 있는 것으로 사료된다. 한편, 일본 국토지리원이 제작한 전자국토(maps.gsi.go.jp)에서 독도의 지네바위는 평도(平島)로, 삼형제굴바위는 오덕도(五德島)로 표기되고 있는데, 이러한 사례는 우리에게 시사하는 바가 크다.)

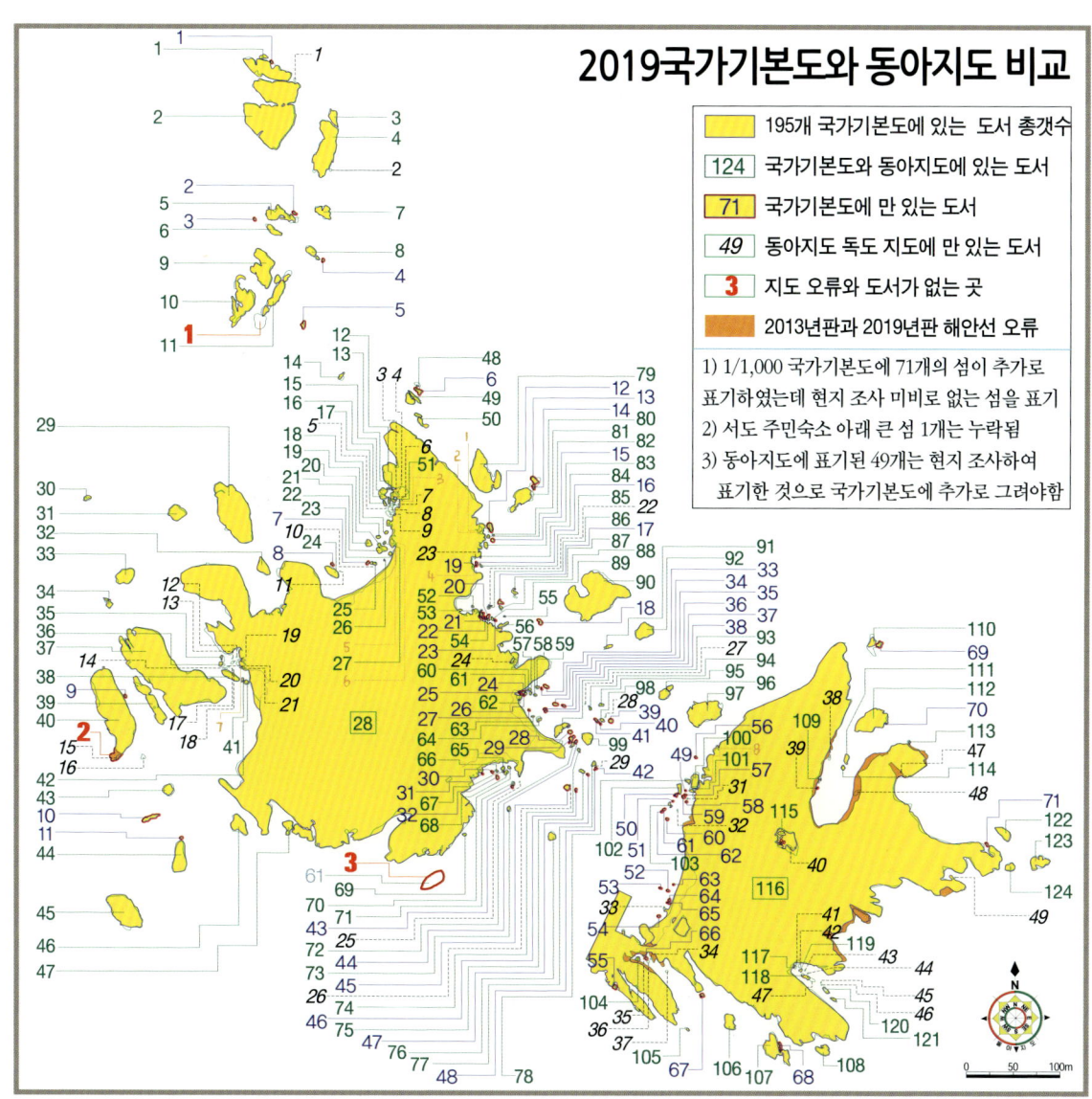

(6) 2019년 판 동아지도와 국가기본도 비교 분석

6. 안용복의 울릉도 도해 및 도일 경로에 대한 비판적 고찰 (이상균, 안동립)

국문초록: 이 연구는 안용복이 독도 교육에서 핵심적이고 중요한 인물로 인식되고 있는 상황에서 기존에 제작된 안용복의 행적에 관한 자료들이 학술적 엄밀성과 현실성이 결여된 채 제각각 다양한 버전으로 존재하는 것에 문제를 제기하면서 최신의 연구성과를 근거로 안용복의 울릉도 도해 및 도일 경로를 재구성하는 것이 목적이다. 연구 결과, 첫째, 안용복의 행적에 관한 날짜는 음력이었음에도 양력인 것처럼 인식되었는데, 음력과 양력을 병기할 필요가 있다. 둘째, 안용복의 행적에 관한 용어는 '1693년의 울릉도 도해 및 피랍사건'과 '1696년의 울릉도 도해 및 도일 사건'으로 구분하였다. 셋째, 안용복의 울릉도 도해와 관련된 연구 및 영토교육 시에는 당시의 항해 조건을 고려하여 동해상의 연중 기상 현상과 연계하여 설명할 필요가 있다. 넷째, 안용복의 피랍사건은 조선 조정의 수토제 시행의 동력이 되었던바, 안용복의 울릉도 도해 및 피랍/도일 사건은 중앙의 수토제와 관련지어 설명할 필요가 있다. 다섯째, 1696년에는 뇌헌이 승려들과 배를 동원하여 순천에서 출발했던 것을 근거로 출발지를 순천으로 변경할 필요가 있다.

결론 (중략): 1696년의 행적에 관한 자료는 뇌헌이 승려들과 배를 동원하여 순천에서 출발했던 것을 근거로 출발지를 순천으로 변경하였다. 당시 안용복은 울산에서 합류하였으며, 도일 상황에서도 안용복은 뇌헌 등 순천의 승려들과 같은 배에 타고 있었던 상황을 고려하여 출발지를 순천으로 재설정하는 것은 타당하다고 사료된다.

안용복의 울릉도 도해 및 도일 행적도는 안용복 연구의 종합적 결산의 성격을 갖고 있는바, 관념적 측면보다는 철저한 고증과 현실성을 고려하여 재구성할 필요가 있다. 따라서 안용복과 관련된 영토교육은 특정 시기와 경유지를 단순 암기하는 것처럼 다뤄져서는 안 되며, 당시의 시대적, 역사적 맥락을 바탕으로 구체적인 사건과 동선을 매개로 한 스토리텔링이 이루어질 수 있어야 한다. 안용복에 대해서는 남북한 모두 공통적으로 영토교육에서 중요한 인물로 인식하고 있는데, 내용상에 차이가 큰 것으로 확인되는바, 이에 관한 주제로 남북 간에 학술교류도 추진해 볼 필요가 있다.

1693년 울릉도 도해 승조원 명단

因府歷年大雜集(인부역사대잡집)	竹島紀事(죽도기사)	邊例集要(변례집요)
안헨치우(船頭)	안요구	安龍福
토라헤(울산사람)	바쿠토라히	朴於屯
요치엔기	키무요치야키(船頭)	金自信
토쿠센기(울산 사람)	키무토구소이(울산 사람)	金德生
바타이(鍛冶)	킨바타이	金加之同
이한닌(거년에 온 자)	이하니(울산 사람)	李還梁
세호테키(목수)	세코치(울산 사람)	淡沙里
야가이(거년에 온 자)	차야구치야쥰(울산 사람)	徐化立
텐스우엔(울산 사람)	킨덴토이	等
名不詳人(거년에 온 자)	영해에서 하선한 인물	等

1696년 도일 당시 안용복 일행 명단

肅宗實錄(숙종실록)	竹島考(죽도고)	元祿覺書(원록각서)
安龍福(東萊人)	安同知(三品堂上臣)	安龍福(안헨치우)
李仁成(平山浦人)	李神將(進士軍官)	李神元(이비쟌)
金成吉(樂安人)	金神將(進士軍官)	金可果(킨사우쿠하우)
金順立(延安人)	金沙工(帶率)	金甘官(킨한구한)
劉日夫(興海人)	劉漢夫(帶率)	柳上工(유샤코우)
劉奉石(寧海人)	劉格率(帶率)	ユウカイ(유우카이)
雷憲(軒), (順天僧)	憲判事(金烏僧釋氏)	雷憲(軒), (토이혼)
勝淡	淡法主(釋氏帶率僧)	謄淡(스우쿠하네이)
連習	習化主(釋氏帶率僧)	衍習(엔스쓰)
靈律	律化主(釋氏帶率僧)	靈律(욘유쿠)
丹責	責化主(釋氏帶率僧)	丹册(탄소이)

7. 독도에 새겨진 한국 한국령 암각문의 주권적 의미와 보존 방안 (안동립, 이상균)

국문초록 : 이 연구의 목적은 독도의 암벽에 새겨진 영토주권 관련 암각문의 암각 배경 및 주최, 암각 경위, 주권적 의미, 보전방안에 관하여 논하는 것이다. 연구를 통해 도출된 결과는 다음과 같다.

첫째, 일제에 나라를 빼앗겼던 역사에 연이어 해방 후에도 일본이 독도를 침탈하는 상황에서 한국 정부는 이 섬을 지키기 위해 여러 가지 조치를 취하였는데, 독도에 새겨진 '韓國', '韓國領', '韓國領·한국령' 암각문은 이 섬에 대한 영토주권 선언의 마침표로서의 성격을 갖는 것으로 볼 수 있다.

둘째, 지금까지는 한국령 등의 암각문이 독도의용수비대에 의해 새겨진 것으로 알려진 경향이 강했는데, 연구결과, 한국령 등의 암각은 정부의 주도하에 민간 전문가(한진오씨)에 의해 행해진 것으로 드러났다. 다만, 암각의 시기는 1954년 5월에서 8월 사이로 보는 것이 합리적이리라 사료된다.

셋째, 지금까지는 울릉군이나 경상북도 등 독도에 관한 주무 기관에서 조차 '韓國領·한국령' 암각문에 관한 인식이 전혀 없었는데, 본 연구를 통해 밝혀진 바와 같이 영토주권을 상징하는 총 4개 처 3개 종류의 암각문들에 대한 소재파악 및 관리를 철저히 해야 할 것이다.

넷째, 기존에 알려졌던 3개 암각문 즉, 독도경비대 앞에 새겨진 '韓國領' 암각문, 동도 정상에서 포대 능선으로 가는 길의 암벽에 새겨진 '韓國' 암각문, 동도 부채바위 건너편 해안 암벽에 새겨진 '韓國' 암각문은 비교적 풍화에 강한 바위에 새겨진 반면, 최근에 발견된 '韓國領·한국령' 암각문은 암각 당시에도 암벽이 이미 상당부분 풍화가 진전된 상태였던 것으로 추정된다. 따라서 암각된 바위의 풍화상태에 따라 선별적인 관리방안도 강구될 필요가 있다.

다섯째, 지금까지는 독도에 새겨진 암각문의 보존에 대한 심도있는 고민이 이루어지지 않았는데, 영토주권을 상징하는 암각문들의 의미와 가치를 고려하여 우선 문화재로 지정할 필요가 있으며, 그에 따라 구체적인 보존방안이 수립되어야 할 것이다.

(1) 한국령 글자 모양과 크기의 비교

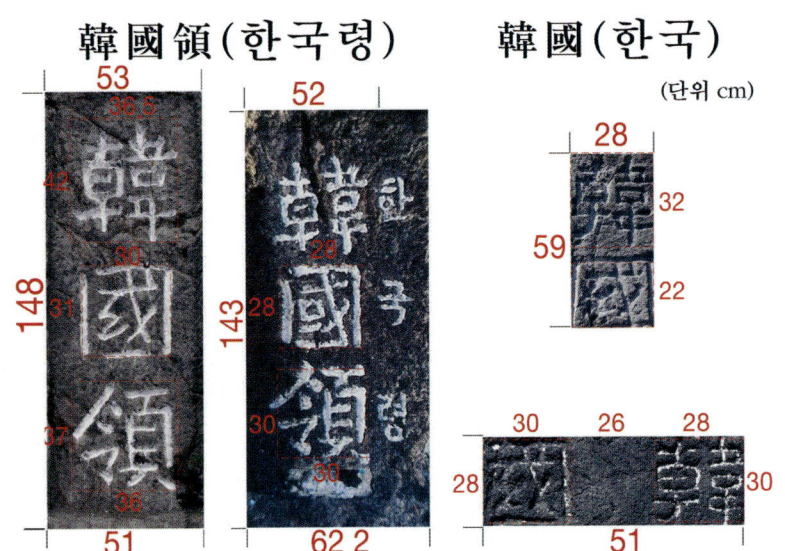

(2) 처음 새겨진 韓國領 글자   (3) 훼손된 韓國領 글자

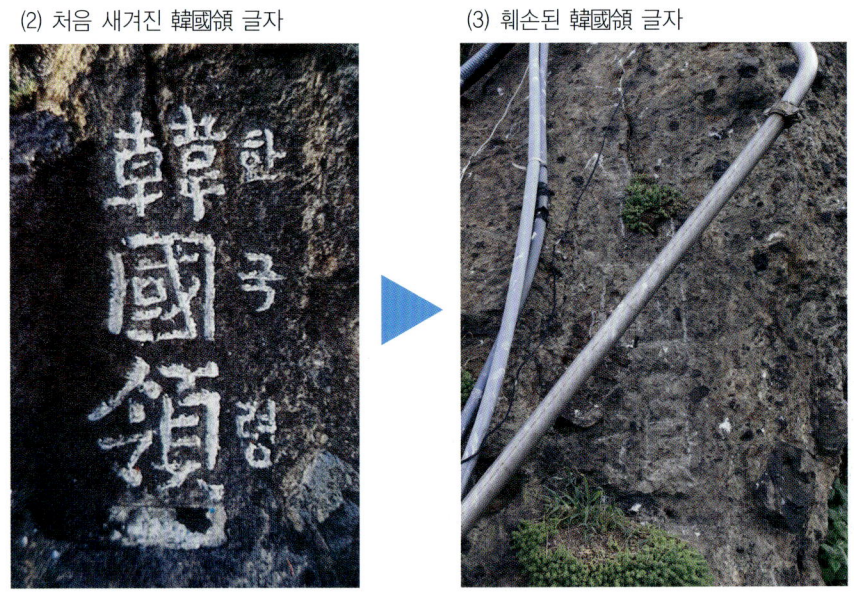

*이 연구 논문은 동북아역사재단 발행, 영토해양연구 논문집에 (2020년 10월 13일) 게재 발표된 내용 중 일부분만 요약, 발췌하여 소개합니다.

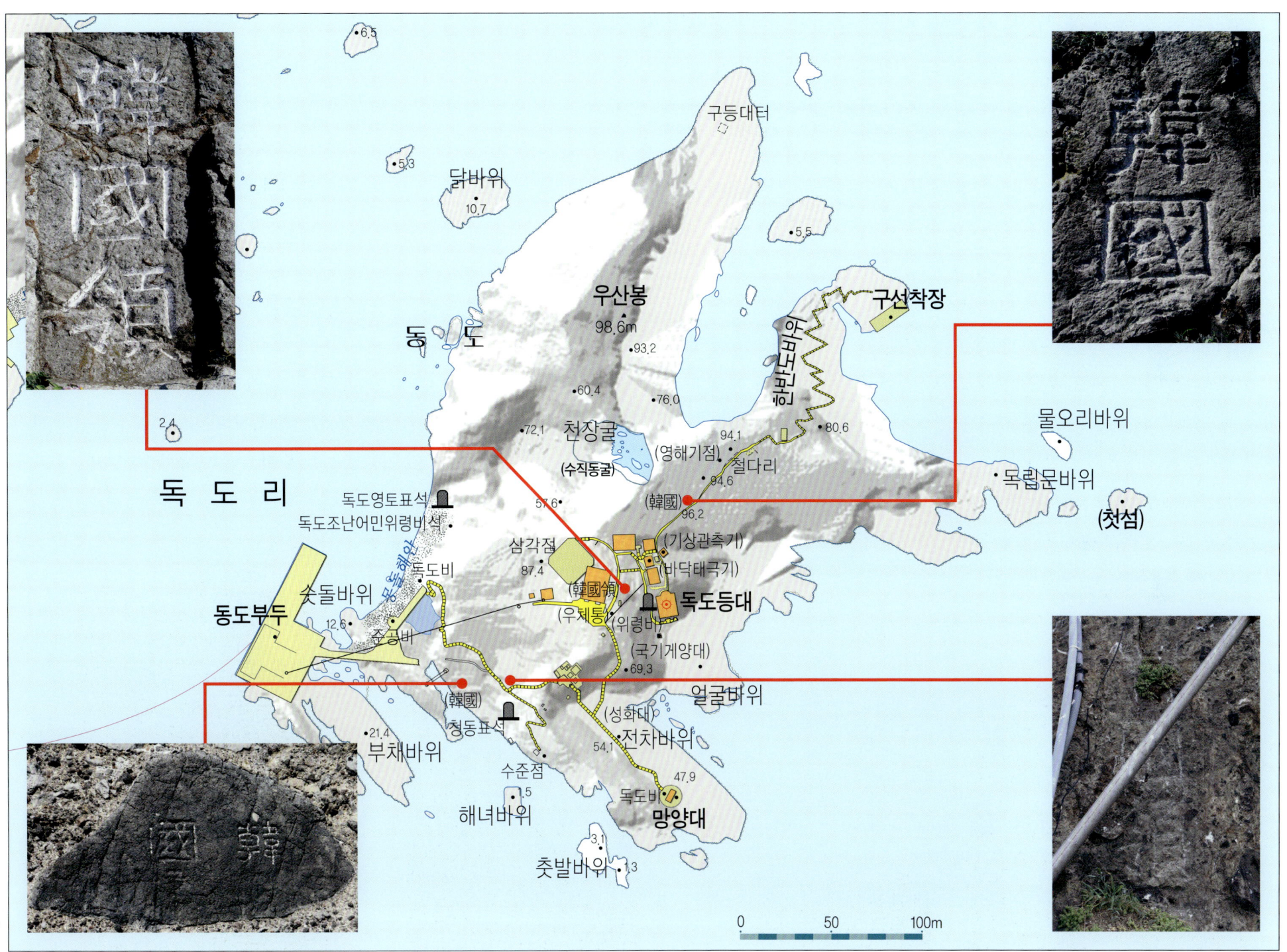

8. 안용복의 도일 선박 복원에 관한 비판적 고찰 (이상균, 안동립)

결론 : 안용복의 행적에 관해서는 한일 양국의 학자들 간에 상반된 입장도 있고, 국내 학자 중에도 관점이 확연히 다른 경우도 있지만, 안용복의 도일 사건은 일반적으로 독도에 대한 가장 확실하고 강력한 영토수호 의지를 보여주었던 사례로 인식되고 있는데, 그의 행적에 대해서는 아직까지도 명확하게 규명되지 않은 상태이다.

울릉도 안용복기념관과 부산 안용복기념 부산포개항문화관에는 안용복 일행이 도일 당시 타고 갔을 것으로 추정되는 선박을 복원·전시해 놓았는데, 연구 결과 안용복의 도일 선박과는 거리가 먼 것으로 파악되었다. 복원을 제대로 하기 위해서는 안용복 일행이 타고 갔던 선박의 종류를 먼저 파악해야 하는데, 대부분의 기존 관점은 안용복을 어부로 인식하거나, 동행했던 뇌헌의 정체에 대해 제대로 이해하지 못한 상황이었으므로 당시의 선박을 복원하는데 어려움이 있었을 것으로 사료된다.

본 연구는 안용복 일행이 순천 승 뇌헌이 준비해 온 선박을 타고 갔다는 단서로부터 출발하였으며, 뇌헌 등 당시 동행했던 승려들은 의승수군으로 전라좌수영 소속 군인이었으므로 그들이 타고 갔던 배는 당연히 군선이라고 보는 것이 합리적인 추론일 것이라 사료된다. 연구 결과, 다음과 같은 결론을 도출하였다.

첫째, 울릉도 안용복기념관과 부산 안용복기념 부산포개항문화관에 전시된 복원선은 1920년대 어선의 모델을 본떠 만든 것으로 파악된다. 울릉도와 부산의 두 기관에서는 기본적으로 일본 무라카미 가문에서 발견된 「원록구병자년조선주착안일권지각서」에 기록된 선박의 치수 등 관련 정보를 바탕으로 안용복의 도일 선박을 복원한 것으로 보이나, 선박의 형태는 안용복 당시의 조선 후기 선박과는 거리가 먼 것으로 사료된다. 예컨대, 1920년대 우리나라 전통 돛단배에 관한 「어선조사보고서」를 대불대학교 해양레저산업 디자인 혁신센터(DIC)에서 편역하고 조선공학적으로 분석하여 3D 모델링을 통한 돛단배 모형에 대한 재현을 시도하였는데, 울릉도와 부산에 전시된 복원선은 전남 진도군 임회면 굴포리 자망 어선과 가장 흡사한 것으로 판단된다.

둘째, 안용복 일행이 도일시 타고 갔던 배는 전라좌수영 소속 군선이라는 가정하에 조선 후기 군선의 종류와 크기, 노의 개수와 능로군(격군) 편성 등에 관하여 검토하였는데, 무라카미 가문의 「원록구병자년조선주착안일권지각서」에 기록된 정보와 가장 합치되는 선박은 사후선인 것으로 파악되었다.

셋째, 유형원의 『반계수록』(1670)에 기록된 선박에 관한 자료에 따르면, 조선 중기 해선의 종류는 대선(大船), 대차선(大次船), 중선(中船),

(1) 안용복 도일 복원선의 선미부
(울릉도 안용복기념관)

(2) 안용복 도일 복원선의 선미부
(부산 안용복기념 부산포개항문화관)

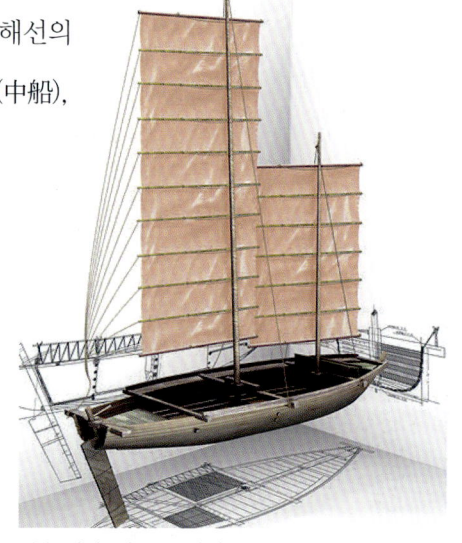
(3) 전남 진도군 임회면 굴포리 자망 어선
(대불대학교, 2007)

중차선(中次船), 소선(小船), 소차선(小次船)으로 구분되는데, 안용복 일행이 도일시 타고 갔던 선박은 소선에 해당되는 것으로 파악된다. 예컨대, 소선의 길이는 30척, 폭은 10척인데, 1척을 30.8cm로 환산하면, 길이는 약 9미터, 폭은 약 3미터가 되어 「원록구병자년조선주착안일권지각서」에 기록된 선박의 정보와 거의 일치하는 것으로 확인되었다. 넷째, 유형원의 『반계수록』(1670)에는 배의 치수와 관련된 내용이 수록되어 있는데, 사료에 기록된 선박의 길이는 배의 선수와 선미 간의 직선 길이가 아니라 선수미의 일정 부분을 제외하고 외판의 현(舷)을 따라 잰 길이를 표시한 것이라고 한다. 따라서 조선시대 선박을 복원하는 경우, 당시 배의 길이에 관한 치수가 외판의 현을 따라 잰 것이라는 사실을 염두에 둘 필요가 있다. 다만, 조선시대 선박의 치수를 쟀던 방식과 당시 일본에서 선박의 치수를 쟀던 방식이 같았는지, 그렇지 않았는지에 관해서는 파악하지 못하였다.

마지막으로, 조선시대 선박에 관한 『각선도본』에는 전선, 병선, 조선 등 다양한 선박의 형태와 부분별 치수 등에 관한 자료가 수록되어 있는데, 당시 선박들의 선수면인 비우판(鼻羽板)에는 나무판자가 상하 방향으로 붙여져 있다. 그런데, 울릉도 안용복기념관에 전시된 선박의 경우는 비우판이 조선시대 선박과 비슷하게 재현되기는 했지만, 나무판자를 붙인 방향이 좌우 수평 방향인 것으로 드러났다. 따라서 향후, 안용복 일행의 도일선을 다시 복원한다면 조선시대 선박의 큰 특징 중 하나인 비우판의 형태나 나무판자를 붙이는 방식도 최대한 당시 선박과 동일한 방식으로 처리할 필요가 있다.

그동안 학계에서는 안용복 일행이 도일시 타고 갔던 선박의 복원에 관한 연구는 전혀 시도되지 않았는데, 안용복 연구 자체로서도 의미는 있겠지만, 영토교육의 측면에서도 도일선 복원에 관한 연구는 필요하다. 또한, 안용복 일행의 도일선 복원에 관한 연구는 조선 후기 선박 연구와 함께 종합적으로 이루어질 필요가 있다. 끝으로, 울릉도 안용복기념관과 부산 안용복기념 부산포개항문화관에 전시된 복원선도 좀 더 면밀한 고증을 거친 후에 새롭게 다시 한번 재현해볼 필요가 있다.

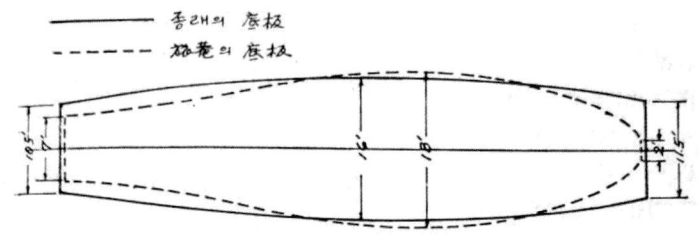

(2) 조선후기 선박의 저판(底板)과 신경준이 제안한 저판의 형태 비교(김재근, 1984, p.153)

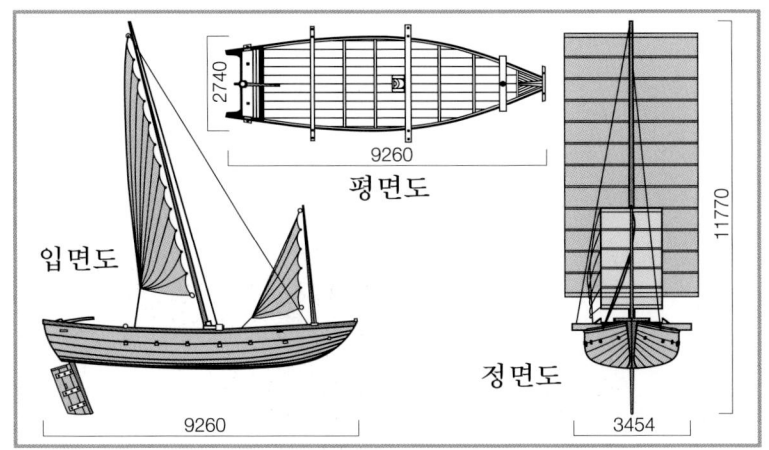

(1) 안용복 도일 복원선의 설계도(부산 안용복기념 부산포개항문화관)

(3) 추정되는 안용복 일행의 도일선박 설계도(저자 작성)

9) 최초의 독도 등대 이름 연구 (안동립)

I. 연구 배경 및 목적

최초의 독도 등대는 독도 동도 우산봉 북동쪽 해변 언덕에 위치한다. 현재는 그 형태가 없어지고 터만 남아있다. 현재의 독도 등대는 대한민국의 최동단에 위치한 2층 건물로, 등대의 설치와 운영은 독도에 대한 실효적 지배를 분명히 인식시키는 역할을 하는 큰 의미를 지니며, 독도 주변에서 조업하는 어민들의 안전과 피항지로 역할을 하고 있다.

최초의 독도 등대는 1954년 8월 10일 무인 등대로 처음 점등되어 운영하였다. 위치는 동도 우산봉 북동쪽 해변 언덕에 설치되었으며, 현재는 그 형태가 없어지고 콘크리트 구조물인 등대 터만 남아있다. 우리 영토 주권의 상징이며, 소중한 근대 문화유산이기 때문에 독도 구(舊) 등대를 복원해야 하며, 당시에 불렀던 등대의 이름과 모형을 연구하고자 한다.

II. 독도 등대의 현황

1. 최초의 독도 등대 구(舊) 등대 현황

위치 : 동도 우산봉 북동쪽 해변 언덕, 해발고도 15m
경도 위도 : 131° 31′ 17″ E, 37° 08′ 35″ N
최초 점등 : 1954년 8월 10일, 무인 등대
광파 표지 : 섬백광, 매 5초 1 광의, 아세찌링 가스등
광달 거리 : 11마일
등대 기단석 : 1.93×1.98×높이 0.56m
등대 높이 : 백색 사각형 철탑, 높이 3m
근무 인원 : 무인 등대

2. 현재의 독도 등대 현황

독도 등대 : 독도항로표지관리소 (054)791-1161
위치 : 경북 울릉군 울릉읍 독도이사부길 63(독도리 30-3)
경도 위도: 131° 52′ 08″ E, 37° 14′ 22″
최초 점등 : 1954년 8월 10일, 1998년 12월 10일, 포항지방해양수산청 관리
광파 표지 : 백 섬광 10초에 1 섬광, 등명기 KRB-670(220V-250W)
광달 거리 : 25마일(46km), 등 높이 104m
전파 표지 : 통달 거리 10마일(18km), 레이콘(Racon) 부호 K(-·-)
　　　　　　24시간 발사(on 20초, off 40초)
등대 높이 : 콘크리트 2층, 11m, 등대 탑 15m, 해수면에서 105.59m
근무 인원 : 6명, 2교대 순환 근무

△ 현재의 독도등대

현재의 독도등대는 대한민국 정부가 파견한 국가 공무원이 상주해 관리하는

▽ 김근원 사진　▽ 글자 분석 및 재현　▽ 구(舊) 등대 터 위치

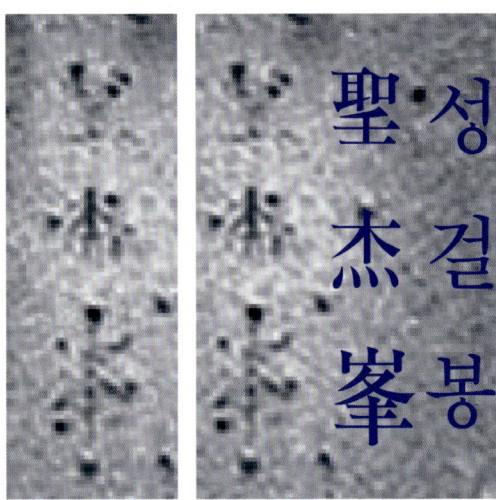
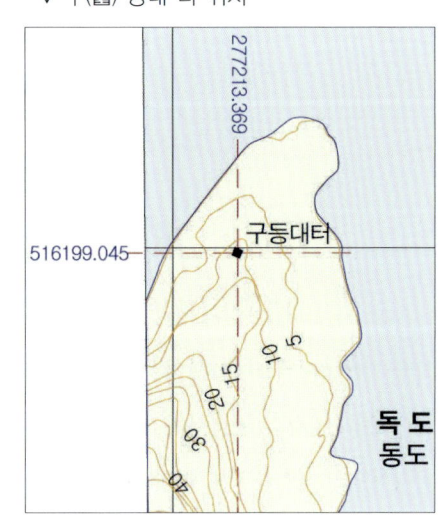

聖 성
杰 걸
峯 봉

▽ 구(舊) 등대 터(사진 김상민)　▽ 한반도바위에서 본 구(舊) 등대 터

*이 연구 논문은 (정부도 인정한 안동립의 독도 지도전쟁, 『주간동아』, 2009. 6. 25.) 기사를 초안으로 시작된 연구로, 이 책에서 처음 소개한다.

"유인 등대"로 1972년 12월 8일 해양수산부에서 우리나라 최초의 태양전지 무인 등대를 설치하여 운영하다가 1996년 현 위치로 이전, 1998년 12월 10일부터 기존의 무인 등대를 개축, 유인 등대를 설치하여 포항지방해양수산청에서 독도 항로표지 관리소를 완성되었다. 당시 '한일 어업협정 실무협상'으로 1999년 3월 10일로 가동 시점을 늦추었다.

우리나라 동쪽 끝 동도의 산 정상에 2층 건물이다. 깎아지른 해안 절벽 위에 우뚝 솟아있는 하얀 건물은 검푸른 바다와 괭이갈매기의 힘찬 날갯짓과 조화를 이루어 멋진 풍광과 동·서도와 동해 전체를 한눈에 조망할 수 있다.

등대 1층은 충전기와 축전지, 발전기, 태양전지 등 기계 시설과 2층은 독도 항로표지관리소 사무실과 숙소, 동력실이 있다. 등대 탑 계단은 달팽이관처럼 빙글빙글 돌아 올라간다. 이곳에는 등댓불 등명기, 태양열 전지판, 전자 장비 등이 있다.

동해에 어둠이 내려앉으면 백색 섬광이 10초에 1 섬광씩 돌면서, 캄캄한 동해의 하늘에 별빛과 파도, 갈매기 울음소리와 어울려 등대 불꽃이 휘영청 춤추며 사방을 비춘다. 등대 불빛은 거친 풍랑과 파도에 지친 어부의 마음에 한 줄기 빛으로 다가와 힘든 노동에 지친 어부에게 희망 불로 세상을 밝힌다.

정부에서는 유인 등대를 지속적으로 운영해 독도와 동해가 대한민국 영토임을 증명하고 있으며, 우리 국민의 안전 항해 바닷길을 열어주고 있다. 또한 독도 주변 바다를 항해하는 세계 여러 나라의 군함, 상선, 어선들의 길잡이가 되어주고 있다. 독도 등대는 독도 인근 바닷길을 비출 뿐만 아니라 우리의 영토 주권 보전에 앞장서고 있다.

동도의 최고 봉우리를 저자가(안동립) 2007년 5월 11일 일출봉(日出峯)으로 지명을 붙여 지도에 표기하여 사용하였는데, 이후 2012년 10월 28일 국토해양부 국토지리정보원 국가지명위원회에서 우산봉(于山峯)으로 이름을 바꾸어 제정하였다.

Ⅲ. 성걸봉(聖杰峯)과 망울봉(望盇峯) 글자 분석

독도 주민인 김성도 이장이 생전에 필자에게 증언을 하기를 "옛날엔 저녁마다 동도 닭바위를 돌아서 배를 대고 칸텔라(아세찌링 가스등)로 등댓불을 붙였다."라고 하였다. 이곳에 올라가려면 부두 시설이 없어, 동도 북쪽 끝 갯바위에 배를 대야 하는데, 파도와 물살이 세서 배로 접근하기 무척 어려운 곳이다.

『독도 - 독도의 인공 조형물 조사 보고서』에 의하면 철탑 외부에 'ROK' 글자와 출입문에 울릉도를 바라본다는 의미의 망울봉(望盇峯)이라는 글자가 새겨져 있던 것으로 보인다.로 기록하고 있다.

(한국인의 삶의 기록, - 독도, 2019. 12. 27. 독도박물관 발행, 최초의 독도 등대는 1905년 5월 30일 일본의 군사적 목적에 의해 울릉도에 북망루 2개와 독도 망루 설치, 해저전신 케이블 부설 계획을 수립하고, 현재의 독도경비대 위치에 1905년 7월 25일 ~ 8월 19일 완공하였다. 그러나 1905년 9월 5일 포츠머스 강화조약으로 1905년 10월 15일 종전 선언으로 러일전쟁이 끝나, 이에 1905년 10월 19일 울릉도의 망루 폐지에 이어 10월 24일 독도 망루도 철거되었다. 대한민국 정부에 의한 독도 최초의 등대는 1954년 8월 10일 백색 사각형 철탑, 높이 3m 무인 등대로 점등되었다. 철탑 위에 등이 위치하고 상부에 오르내릴 수 있는 철제 사다리와 내부로 출입할 수 있는 문과 잠금장치가 있다.)

독도에 새겨진 울(盇) 자의 다른 사례를 보면 시멘트에 盇陵郡 南面 獨島 (울릉군 남면 독도)란 글자를 새긴 것으로 보아 당시 울(鬱) 자를 속자 울(盇)로 사용하였던 것 같다.

2015년 중앙일보 보도(2015. 8. 15.)를 보면 "1956년 당시의 등대를 촬영한 사진이 최근 언론에 보도되어 등대의 전체 모습과 출입문에 글자가 새겨져 있다. 다만 보도에서는 철문에 새겨진 글자를 '성걸봉(聖杰峰)'으로 추정하고 있으나 이는 '망울봉(望盇峯)'의 오독인 것으로 보인다."로 기사화되었고, 경북매일신문(2015. 8. 17.) 보도와 '고(故) 김근원 님이 1956년 7월에 찍은 구 등대 사진'

을 보면 사진의 해상도가 히미하여 성걸봉(聖杰峯)과 망울봉(望盉峯) 두 글자를 정확히 구분하기가 어렵다.

글자 별로 분석해 보면 망(望) 자와 성(聖) 자의 획이 비슷하고 鬱(울)자의 속자 울(盉) 자와 傑(걸)자의 속자 杰(걸) 자가 비슷하게 보인다.

Ⅳ. 결론

「독도의 인공 조형물 조사 보고서」 결론을 낸 '망울봉(望盉峯)'은 사진으로 다시 글자를 분석해 보면, 망(望) 자와 성(聖) 자의 획이 비슷하고 울(盉) 자와 걸(杰) 자가 비슷하게 보인다. 사진을 최대한 확대하고 음영을 주면서 글자의 획을 분석해 본 결과 '망울봉(望盉峯)'이 아닌 '성걸봉(聖杰峯)'이다. 성걸봉(聖杰峯)은 울릉도의 성인봉(聖人峯)과 이어지는 형제섬이라는 뜻이다.

구(舊) 등대인 성걸봉 등대는 우리의 소중한 근대 문화유산이다. 구(舊) 등대는 내항에 설치하는 백색 등대이므로 원형대로 복원하여 설치하여야 한다.

현재의 지명 우산봉도 옛 지명으로 복원해야 하며, 성걸봉으로 불러야 한다.

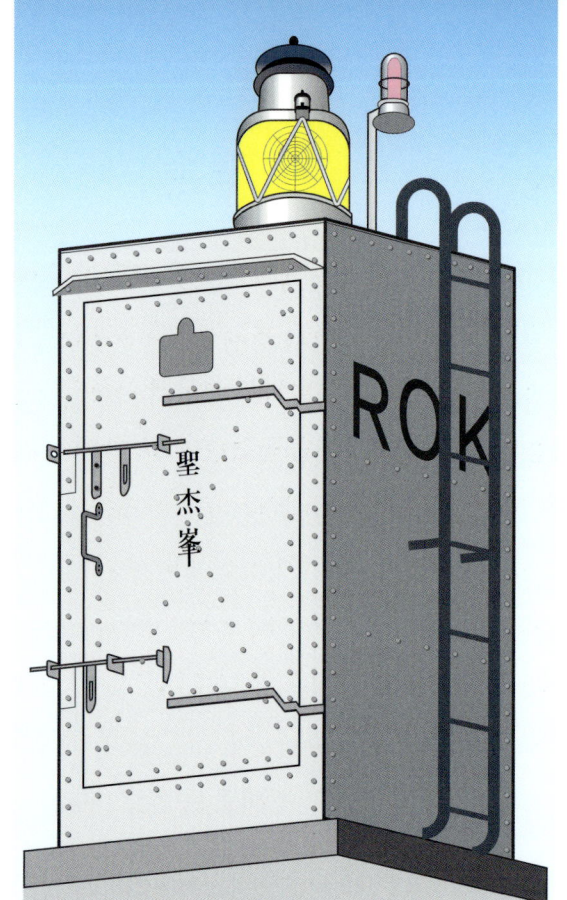

△ 김근원 사진을 바탕으로 복원한 독도 등대

▽ 구(舊) 등대 복원도

* 참고 문헌

1) 「한국인의 삶의 기록, 독도」, 독도의 인공조형물 조사보고서 『독도박물관』, 2019. 12. 27.

2) 해양수산부 포항지방해양수산청 독도 등대,

https://pohang.mof.go.kr/ko/page.do?menuIdx=2931

3) 재현 사진: 고 김근원 님이 1956년 7월에 찍은 사진을 참조하여 필자가 그린 것이다.

4) 『경북매일』, 2015. 8. 17. 성걸봉으로 보도

http://www.kbmaeil.com/news/articleView.html?idxno=360033

5) 『중앙일보』, 2015. 8. 15.

6) 「정부도 인정한 안동립의 독도 지도전쟁」, 『주간동아』, 2009. 6. 25.

7) 독도박물관 홈페이지 https://dokdomuseum.go.kr/ko/main.do

III. 부록

지도제작자인 저자는 독도 지도를 만들기 위하여 2005년부터 2022년까지 17년간 독도에 입도하여, 대략 90여 일간 독도 현지에 머물며 탐방하고 연구 조사하였다. 그동안 4편의 탐방기를 써서 기록을 남겼는데, 이 책에는 2011년에 쓴 두 번째 글 '독도에서 하룻밤'이란 주제로 11번째(2011년 8월 7일~8월 11일) 독도 현지 조사 방문 탐방기를 게재한다.

섬이라서 움직이는 동선이 무척 어렵고 불편하지만, 독도 지리 조사 현장에서 일어나는 여러 가지 이야기를 생생하게 기록하여 소개한다.

1. 11번째 독도 탐방기

독도에서 하룻밤 2011년 8월 7일(일요일) : 8월 9일(화)~8월 11일(목)까지 3일간 독도 현지 조사 탐방 준비로 내 마음은 분주하다. 독도 지도를 만들기 위하여 2005년부터 매년 독도 답사 지리 조사를 하였는데 이번이 11번째 방문으로 2008년 10월 이후 2년 10개월 만에 현지 조사를 하러 간다. 독도관리사무소에 입도 허가와 필요한 서류를 보내고, 여러 가지 허가받는 과정이 복잡하다. 독도에 가져갈 독도지도 액자와 조사용 지도 자료, 필기구, 물, 카메라, 체류 기간 먹을 식량 등을 꼼꼼히 챙겨야 한다.

태평양 기상 상황을 보니 필리핀 동쪽 괌 해상에서 올라오는 제9호 태풍 '무이파'의 북상으로 마음이 불안하다. 그래도 내일 새벽 기차로 광명역에서 포항역으로 가서 9시 40분에 울릉도로 출발하는 배 '선플라워호'를 타야 한다.

풍랑주의보로 전 항로 결항

2011년 8월 8일(월요일) : 카메라 등 장비를 챙겨 집에서 택시를 예약하여 광명역에 도착 5시 30분 포항행 KTX 열차를 탔다. 7시쯤 동대구역 도착하기 10분 전에 전 해상 풍랑주의보로 '전 항로 결항'이라는 메시지가 뜬다. 어이쿠 어쩌지, 풍랑으로 오늘 배를 탈 수 없으니 빠르게 동대구역에 내려서 8시 30분 KTX 광명역 가는 기차표를 구매하여 집으로 돌아왔다. 이처럼 독도 가는 길은 어렵고 힘이 든다. 울릉도로 가다가 되돌아오는 일이 여러 번 있어 그저 날이 좋아지기만 기다린다.

급하게 울릉도에 전화하여 알아보니 태풍의 영향으로 바람이 세서 이번 주 후반에나 독도로 갈 수 있다고 한다. 하늘이 독도 가는 길을 쉽게 열어주지 않는구나. 급하게 독도 관리사무소에 입도 허가 신청 변경을 요청하여 독도 체류 일정을 이틀 뒤인 8월 12일(금)~8월 14일(일)로 조정하여 입도 허가를 받았다. 공교롭게도 광복절 연휴 주말이라 울릉도로 가는 배의 승선표를 구할 수가 없다. 게다가 울릉도와 독도에서 열리는 각종 행사로 전 항로의 선편 예약이 불가능하다. 백방으로 수소문하여 찾은 끝에 8월 10일 강릉항에서 8시 40분에 출발하는 '씨스타호'의 승선표 한 장을 구했다. 휴! 다행이다.

동해 푸른 파도의 위용….

울릉도 1일 차 : 2011년 8월 10일(수요일) 새벽 4시에 일어나 승용차로 강릉항으로 향했다. 아침 7시 20분경 강릉항에 도착 후 장기 주차를 해야 하기에 해풍 영향이 없는 안전한 곳에 주차하고 강릉항 여객선 터미널로 가서 8시 40분에 출발하는 승선표를 찾았다.

독도에 가져갈 짐이 무겁고 많아 서둘러 배를 탔다. '씨스타호'가 강릉항을 빠져나오니 제9호 태풍 '무이파'의 끝자락이라 넘실대는 파도가 배 옆구리를 세차게 때린다. 동해 푸른 파도의 위용은 언제나 힘차다. 배가 요동치니 승객 여러 명이 뱃멀미로 바다에 토하면서 뒹군다. 태풍 끝이라 어려운 항해이다. 배의 요동이 잦아들 때쯤 울릉도 북쪽 항로를 이용하여 11시 30분 울릉도 저동항에 입항했다.

도착 후 도동항에 있는 '울릉도매니아' 여행사를 찾아서 김남희 사장에게 금요일, 독도 가는 배 시간과 일정을 협의하고 숙소에다 짐을 풀고 독도관리사무소에 들러 관계자와 입도 협의를 하였다. 8월 12일~8월 14일까지 독도 입도 일정을 확인하고 독도에 계시는 김성도 이장과 통화하여 편의를 부탁하였다. 내일까지 울릉도에서 대기하다가 모레 새벽에 독도에 들어가야 한다.

환상적인 울릉도 옛길 트레킹

울릉도 2일 차 : 2011년 8월 11일(목요일) 오늘은 날씨가 무척 좋다. 울릉도 석포에서 내수전까지 옛길을 걸어보려고, 도동 정류장에서 시내버스를 타고 천부로 가서 석포 가는 버스로 갈아타고 석포 전망대 쪽 등산로 입구까지 갔다. 석포에서 내수전까지 울릉도 옛길을 혼자서 걸었다. 산허리를 돌아 넘으며 해안선을 따라 몇 굽이 돌아가는 소로인데 큰 어려움 없이 평탄한 길이다. 크고 작은 숲길 사이를 2시간 정도 걷는데 바닷바람이 불어와 한여름 무더위를 식혀준다.

저동항에서 늦은 점심을 먹고 저동항 촛대바위로 이어지는 행남 등대 해변 길을 따라 걸으며 숙소가 있는 도동항까지 걸어오니 저녁때가 되었다.

바다는 잔잔하고 호수처럼 맑다

독도 1일 차 : 2011년 8월 12일(금요일) 5시 40분 일어나 짐을 챙겨서 도동항 여객선 터미널로 가는 길에 어제 미리 마트에 사두었던 수박과 물을 찾아서 여객선 터미널로 갔다. 7시에 출항하는 '삼봉호'를 타기 위해 이른 시간인데도 사람들이 많이 모여든다. 부두는 '독도사랑호'와 '삼봉호'의 출항 준비로 분주하다. 나는 짐이 많아 서둘러 승선하였다.

도동항을 출발한 '삼봉호'는 먼바다로 나가는데 바다는 잔잔하고 호수처럼 맑았다. 독도에 가까울수록 약간의 너울성 파도가 올라온다. 9시 30분경 '삼봉호'가 독도 동도 부두에 무사히 정박하였다. 오랜만에 만나는 독도경비대원과 김성도 이장을 만나 반갑게 인사하였다. 김성도 이장의 건강이 염려되었다. "빨리 옮겨 타라, 건너가자"는 김 이장의 독촉에 고무보트로 짐을 옮기고 서도에 도착하였다. 서도 주민 숙소 3층에 사시는 김신열 아주머니를 찾아가니 "아이고! 야야! 오랜만이다. 건강하니 좋다"라고 반긴다. 3년 만에 만나니 반가움과 함께 74세의 연세인데 평생 해녀로 살아 요즈음도 바다 날이 좋은 날은 물질하러 나간다고 한다. 아주머니의 건강함에 감사하다. 주민 숙소 3층 오른쪽 방 게스트룸에 가져간 짐을 내려놓고 간단히 점심을 먹고 서도 계단 절반쯤 올랐다. 가파른 직벽 오래된 콘크리트 계단 위에 철제 계단을 새롭게 설치하였는데, 나무로 만든 난간 기둥에 밧줄로 연결된 손잡이가 많이 부러져 대롱대롱 매달려있다.

난간 기둥과 바닥 판에 'ㄴ'자 꺾쇠를 대고 나사못으로 4곳에 박아서 기둥을 고정하고 손잡이로 밧줄을 연결하였는데, 대한봉 절벽 능선에서 떨어지는 흙이나 돌이 계단 곳곳에 떨어지면서 난간 기둥 여러 곳이 부러져 손잡이로 연결된 줄이 매달려 너덜거리며 나뒹굴어 무척 위험하다.

3년 전에 계단 공사를 새로 하였는데, 낙석으로 인하여 많은 부분을 보수하여야 할 것 같다. 서도 계단이 위험하여 처음 독도에 방문했던 2005년부터 해마다 김성도 이장님이 사다 놓은 어구용 밧줄을 얻어서 한 발씩 메고 올라가 콘크리트 난간에 묶어서 안전장치로 설치해 놓고 올라 다녔는데, 새롭게 계단을 설치하느라 묶어 두었던 밧줄을 제거하고 난간 기둥에 밧줄을 연결하여 걸어 놓아, 서도 계단을 오르기가 무척 불안하고 위험하다. 밧줄이 없으면 뒷걸음질로 기어서 오르내려야 한다.

방어 떼가 몰려다녀도 입질이 없다

오후가 되니 파도가 점점 거세진다. 김성도 이장이 바다에 나갈 준비하여 "아제요, 어딜 가닝교?"라고 물어보니 "방어 잡으러 간"라고 하신다. 나도 카메라 가방을 메고 보트 앞쪽에 탔다. 김 이장이 "요즘 방어가 많이 난다. 몇 마리만 잡자"하여 배를 천천히 몰아 닭바위를 지나 첫섬 쪽으로 달려간다.

김 이장은 주섬주섬 낚싯바늘을 챙기고 나는 넘실대는 보트 위에서 카메라 셔터를 연신 눌러댄다. 독도에는 계절별로 독도를 방문하지만, 최대한 자료를 축적하기 위하여 보이는 대로 사진을 찍는다.

망양대와 전차바위, 얼굴바위(20220804)

첫섬 쪽에서 배를 돌리면서 낚싯줄을 바다에 던진다. 가짜 미끼를 이용하는 띄울 낚시로 방어를 잡는다. 고무보트가 천천히 달리면서 한 손으로는 고무보트 손잡이를 잡고, 한 손은 낚싯줄을 잡고 달리는데 고기가 물면 손의 감각으로 알 수 있다고 한다.

탕건봉 앞으로 방어 떼가 물살을 일으키며 몰려다니는데도 방어의 입질은 도무지 없다. 다시 배를 돌려 첫섬 쪽으로 가면서 방어를 유인하는데, 앞쪽에서 어선 한 척이 독도 주변을 한 바퀴 돌면서 그물을 넣고 있다.

김 이장이 혼잣말로 "그물을 넣으면 고기가 안 문다. 저 배는 울릉도 배인데 참 너무하네" 하신다. 첫섬 부근에서 낚싯줄을 걷으며 "오늘은 안 문다, 섬이나 한 바퀴 돌자" 하기에 "아제요 물골에 내려 주소" 하니 "파도가 센건데 내릴 수 있으려나 가 보자" 하여 고무보트를 물골로 향했다. 다행히도 배 댈 수 있을 정도로 바다가 잔잔하다. 김 이장이 "내가 데리러 올까?" 하기에 "오지 마소 대한봉 넘어갈게요" 말하고 물골에 내렸다.

고무보트를 보내고 가제굴에 들어갔다. 예전부터 울릉도 어부들이 독도에 와서 살았다는 증거이다. 배석진 씨와 그 후손들을 만나지는 못했지만, 김성도 씨 증언에 의하면 배석진 씨와 해녀 몇 명이 어로 행위를 하면서 이곳에 살았다고 한다.

나는 이 굴의 이름이 없어서 '배석진 굴'이라고 하였는데, 나중에 지명위원회에서 '가제굴'로 바뀌었다. 굴의 높이는 3~4m, 굴의 길이는 13~15여 미터로 어두워서 더는 들어갈 수가 없었다. 굴 초입 무너진 블록 담을 지나 굴 깊숙이 들어가니 습기가 올라와 어둡고 습하다. 사진 몇 장 찍고 굴의 끝나는 지점 바닥에 조금 쌓여있는 모래와 한쪽 벽면에 돌로 쌓은 축대를 탐사하고 나왔다.

물골 원혼이 무서워 등골이 오싹

탕건봉 아래 해변에는 산사태로 굴러떨어진 큰 바윗덩어리가 여러 개 있다. 이곳을 건너뛰어 가면서 이어지는 몽돌 해변을 100m 정도 걸어가면 물골이 나온다. 물골은 서도의 북쪽에 위치하여 온종일 해가 잠깐 들어와 음산하고 무섭다.

독도에서 유일하게 먹는 샘물이 나오는 곳으로 옛날부터 독도에 거주하신 분들이나 어선들이 물골에서 나오는 물을 먹고 살았다고 한다. 이곳에는 물을 가두는 시설인 집수정이 있다. 굴속은 대낮인데도 어두컴컴하고 습하다. 천장에서 물이 뚝뚝 떨어지는 소리가 들린다. 잠시 기다리니 눈이 어둠에 적응되어 굴속 사방을 확인할 수 있다. 굴 입구에서 3~4m쯤 들어가니 물을 받아 모으는 시설이 보인다. 크기는 대략 가로 1.5m, 세로 1.5m, 깊이 1.5m 정도로 보이며, 물받이 뚜껑 부분 사각형 우물통에 물이 가득 고여서 넘쳐흐르고 있다. 이 물이 가로 4m, 세로 5m, 깊이 2.5m의 사각형 물 저장 통에 흘러 들어가 저장된다. 물 저장 시설 앞부분 외벽은 옹벽으로 이곳 하단 1m 정도에 구멍을 내어 호수를 이용하여 물을 퍼서 짊어지고 산

너머 어민 숙소에서 살았던 어부들이 사용하였다 한다. 어떤 때는 물골 앞에 어선을 대고 호수로 연결하여 이용하였다고 한다.

굴의 천장에서 떨어지는 물은 수량이 풍부하고 물맛이 짜지 않고 시원하여 좋았다. 그러나 이 물을 끓이면 약간 간간하다고 하는데 일반 섬이나 바닷가 우물도 비슷한 환경이다. 독도에 먹는 샘물이 철철 넘쳐흐르는 우물이 있다는 것은 유인도로서의 섬 조건을 갖춘 것이라 할 수 있다.

내가 물골 간다고 하면 김신열 아주머니가 조심하라고 신신당부하신다. "물골에서 해녀와 어부들이 많이 죽어서, 그 원혼이 독도에는 많은데 해녀인 아주머니가 물질하고 물골에서 누워서 쉬면 누가 자꾸 불러 대서, 내가 원래 잘 안 속는데, 하루는 돌아볼 뻔했단 말이야, 속으면 안 돼! 누가 불러도 뒤돌아보지 말라"고 여러 번 당부하였다. 물골에 들어가면 귀신을 만날까 걱정이다. 무섭지만 굴에 들어가 주변을 찬찬히 확인하고 빨리 사진 찍고, 물통 뚜껑을 열어 물맛도 보고, 굴 천장이나 내부에 사는 식물 상황을 확인하고 재빨리 굴 밖으로 나왔다. 물골 해변 몽돌에 앉아 물 한 잔 마시며 잠시 쉬면서 이런저런 생각에 잠겨 본다.

물고기 뛰노는 소리에, 괭이갈매기도 신나서 날아오른다.

예전에 답사했을 때 물골로 가는 등산로는 깎아지른 흙 절벽으로 콘크리트 계단 흔적이 보이나 산사태로 쏟아진 흙과 바위, 풀이 뒤엉켜 길을 분간하기 어려웠고, 내가 다니면서 밧줄을 200m 정도 설치하였는데, 이 줄마저 풍화되고 낡은 상태였다. 이 줄이라도 잡아야 물골로 가는 언덕을 오를 수 있었다. 한 발씩 내디딜 때마다 흙이 무너지고 몸이 미끄러져 발을 잘못 헛디디면 굴러떨어질 수 있어 무척 위험하였는데, 최근에 물골 계곡에 나무 계단을 설치하여 쉽게 다닐 수 있다.

물골에서 대한봉으로 오르는 계단은 높고 가팔라 몸을 기대어 힘겹게 오른다. 물골 계곡은 험한데 토질이 화산재처럼 흑갈색으로 부드럽고, 푸석푸석하여 식생 상태가 좋다. 계단 주변에 흙과 돌이 많이 무너져 흘러 내려와 있다. 10여 계단 올라가니 계단이 파손되어 흔들리며 손상이 심하다. 위태롭게 보여 조심스럽게 한발씩 오른다. 계단이 직벽처럼 높은 곳이 많아 발아래를 내려다보면 천 길 낭떠러지라 어질어질하다. 차라리 예전처럼 밧줄이 있었으면 하는 아쉬움이 있다.

올해는 태풍의 직접적인 영향으로 해풍이 심하게 불어와 이맘때 피어있을 식물들이 모두 말라버렸다. 참나리꽃, 왕호장근, 술패랭이꽃 등이 활짝 피어있을 시기인데 초가을 같은 식생 상태이다. 잡풀이 많이 죽어 내려앉아 대한봉 오르는 길 중턱 숨은 벽 주상절리에 붙어사는 사철나무 잎이 청록색으로 선명하게 보인다. 또, 주변 섬괴불나무가 뚜렷이 보인다. 물골 계단이 너무 가팔라 대한봉 능선에 오를 때는 온몸에 땀이 흐른다. 잠시 쉬면서 가제바위 쪽 바다를 보니 물고기가 떼로 몰려다니며 푸드덕거리며 뛰노는 소리에 덩달아 괭이갈매기도 신나서 날아오른다.

물골 계곡에서 오르는 길 끝자락 능선 길 초입은 깎아지는 듯 직벽인데 길이 폭 40cm, 길이 5m로 발아래로 바다가 바로 보이며 아슬아슬하여 바람이 심하게 불면 지나갈 수 없다. 예전에 동행한 일행 중에 고소 공포증으로 이곳을 통과하지 못한 분들이 있었다. 이곳을 돌아 대한봉 서쪽 능선에 올라서면 넓고 완만한 경사의 초원지대가 나타난다. 이 지역은 괭이갈매기 집단 서식지로 지금은 모두 날아가고 잘피 같은 식물들만 바람에 심하게 흔들린다. 잠시 먼바다를 바라보며 동도가 보이는 능선 조망지로 발길을 옮긴다. 가는 길에는 아주 오래된 콘크리트 난간 기둥이 여러 개 남아있는데, 콘크리트가 부식되어 녹슨 철근만이 앙상하게 남아 세월의 풍상을 느끼게 한다. 동도가 잘 보이는 조망지에서 동도를 바라보면 섬 전체가 한눈에 들어온다. 어두워지기 시작하여 대한봉을 뒤로하고 하산한다. 계단이 좁고 급경사라 뒷걸음으로 손과 발로 동시에 계단을 잡고 기어서 내려가야 한다. 계단이 흔들리고 가끔 작은 돌이 떨어진다.

기록하고 연구하여야 독도를 지키는 것

서도 주민 숙소로 내려오니 저녁때가 되었다. 동도에 작업하러 갔던 분들이 고무보트를 타고 건너온다. 경북대학교 생물학과에서 외래종 식물 퇴치 사업을 위해 온 9명이 먼저 들어와 있었다. 박재홍 교수와 같이 온 제자들과 인사하고 야경 사진을 찍기 위하여 삼각대를 설치하러 부둣가에 갔다. 마침 달이 일찍 떠올라 온다. 칠흑 같은 바다에 등댓불과 어선의 불빛이 동도를 비추고 있어 사진을 찍다 보니 저녁 식사가 늦어졌다. 숙소에 올라와 내일 일정을 정리하고 간단히 세수하니 밤 10시가 되었다. 종일 조사하러 다니면서 햇볕에 오래 노출되어 몸에서 열이 나고 어질어질하다. 독도는 해를 피할 곳이 없다. 검은 바윗돌에 햇살이 비치면 빨리 데워져서 더위 먹기 쉬워 주의하여야 한다. 다행히 올해 8월에 신축한 주민 숙소에 에어컨을 설치하여 시원하다. 낮의 열기를 식힐 겸 달무리를 구경하러 마당에 나와 앉아 하늘을 본다. 힘들고 지치지만 내가 자청한 일이니 참아야 한다고 다짐해 본다.

같은 방에서 잠을 자는 경북대학교 박재홍 교수님이 "개인이 사비를 들여서 독도를 연구한다"며 나에게 여러 가지 공치사를 하신다. 말로만 독도 사랑을 외칠 것이 아니라 실질적으로 각자의 전문 분야에서 기록하고 연구하여야 독도를 지키는 것이라는 생각이 든다.

야간 촬영하고 숙소에 들어오니 작업자 10명이 작은방 2곳에 분산되어 어우러져 자면서 코를 곤다. 나는 방 입구 쪽에 잠자리를 펴고 눕기 전 창밖 바다를 보니 남풍이 불며 너울성 파도가 친다.

2008년 5월 답사 때 너울성 파도로 동도 부두에 배를 대지 못하여 14일간 서도에 갇혀 육지로 나가지 못한 적이 있어 마음이 약간 불안해진다. 새벽에 일어나 일출 사진 촬영을 하려면 일찍 자야 한다. 10시 30분경에 누웠는데 나도 모르게 곤한 잠에 빠져버렸다.

일본을 향해 포효하는 청동 호랑이를 보면 통쾌하다

독도 2일 차 : 2011년 8월 13일(토요일) 게스트룸에는 5시부터 여러 움직임이 분주하다. 일출 예상 시간은 5시 50분 경이다. 방에서 꾸물거리다 5시 30분쯤 밖으로 나왔다. 김성도 이장은 고기 잡으러 나갔고 먼동이 약간씩 떠오른다. 화려한 일출을 기대하였으나, 기다린 보람도 없이 하늘에는 해무와 구름이 잔뜩 끼어 카메라를 걷었다.

마침 고기잡이하러 갔던 김성도 이장의 고무보트가 들어온다. "고기가 몇 마리 없다. 회나 쳐서 먹어라" 하신다. 놀래기, 쥐치, 꺽뚝어(개볼락), 골뱅이로 회가 두 접시나 나왔다. 일행 모두 모여 둘러앉아 맛있는 아침을 먹었다.

숙소를 정리하고 배낭에 물 두 통 들고 나와 김성도 이장에게 "아제요 오늘은 동도 조사를 해야 하니 좀 건너 주세요" 하니 "일찍 건너가려고, 그럼 빨리 타라" 하신다. 일엽편주 같은 고무보트로 뛰어내렸다. 김 이장도 날렵하게 고무보트를 탄다. 동도로 건너가는데 너울성 파도가 올라오는 것이 보인다. 바다가 심상치 않다. 예감이 좋지 않다. "아제요 오늘 바다가 괜찮을 것 같아요?" 물어보니 "지금은 괜찮다마는 이따 오후에는 모르겠다." 하신다. 김 이장은 오랜 경험으로 바람의 방향만 봐도 바다 날씨를 정확히 예측한다. 동도 두부에 내려서 서도 대한봉을 보니 가을 하늘처럼 좋다. 부두 주변 풍경을 바쁘게 사진을 찍고 몽돌 해안을 보니 예전보다 폭이 넓어진 듯하여 보폭으로 넓이를 재어보니 36걸음 정도가 되었다. 또 숫돌바위 부근에 10m 정도 고운 모래톱이 쌓여있다. 독도 해변에 고운 모래가 쌓이다니 부두가 막아주고 조류 변화에 따른 현상으로 한 줄기 빛을 보는 것 같다.

동도 오르는 계단 길은 대체로 완만하나 일부 계단이 높아 손을 바닥에 대고 기어 올라가야 하지만 동도는 비교적 오르기가 쉽다. 오르는 길 중턱쯤에 있는 망양대에는 국기 게양대와 청동으로 만든 호랑이 조형물이 있는데, 호랑이가 일본을 향해 포효하고 있다. 이 동상을 볼 때마다 내 마음이 통쾌하다…. (이명박 대통령 독도 방문 이후 청동 호랑이 동상은 철거되어 현재 울릉도 안용복기념관 정원에 가져다 놓았다)

망양대를 지나 조금 오르면 왼쪽으로 독도경비대이다. 주소는 독도이사부길 55이고, 오른쪽에 있는 독도등대 주소는 독도이사부길 63이다.

동도 정상 부근에는 주요 시설물들이 밀집해 복잡해 보이나 자세히 보면 재미있는 것도 많다. 태양열 집열판이 많은데 모서리마다 긴 침이 송곳처럼 붙어 있는데, 무엇에 쓰는 것인지 궁금하여 알아보니 괭이갈매기가 앉지 못하게 하는 장치라고 한다. 또, 방송 통신장비, 기상관측기, 담수화 시설, 풍향계, 우체통, 삽살개, 한국령 글자, 독도 순직 경찰의 위령비 등이 있는데 사람 사는 곳은 모두 같다는 생각이 든다. 국기 게양대 부근에서 근무 서고 있는 경비 대원의 늠름한 모습을 보면서 일본의 악랄한 준동에 일희일비할 필요가 없을 것 같다.

독도경비대 부대장의 안내로 공사 중인 헬기장에 올랐다. 독도에서 전망이 가장 좋은 곳으로 오늘은 날씨도 좋아 동·서도 사이의 바다가 유리알처럼 맑아 바다의 속살이 다 보인다. 높은 곳에 있으니 태양 복사열로 무척 덥고 갈증이 심하여 경비대 취사장에서 얼음물 한 통을 얻어 단숨에 두 잔을 마시고 물통에 담은 뒤 다시 일출봉(우산봉) 쪽으로 향한다.

바닥에 설치된 태극기와 포대 능선을 지나 대포 포신 아래 그늘에서 잠시 쉬면서 대한봉과 일출봉을 바라보니 아름답고 멋지다. 망망대해에서 우뚝 솟아오른 힘찬 모습이 장관이다. 주변 식물을 보니 날이 많이 가물어 올가을에는 해국이 예쁘게 필 것 같다. 뙤약볕에 오랫동안 서 있어 무척 더웠는데 갑자기 시원한 바람이 불어온다. 대포에서 초소를 지나면 한반도 바위 지형으로 내려가는 길이다. 오래된 콘크리트 계단을 지그재그로 설치 하여, 바다에서 보면 우리나라 지도 모양을 닮아서 한반도 바위라고 한다. 내려가는 계단 길 주변에 바다제비가 땅굴을 파고 살고 있다. 서도 물골 주변과 이곳이 바다제비 집단 서식지이다. 계단에 설치된 콘크리트 기둥이 삭아 앙상한 녹슨 철근을 내보인 채 위태롭게 서 있다.

〈일출봉(日出峯 98.6m)이라는 산 명칭은 저자가 2007년 5월 11일 서도 대한봉과 동도 정상부 산 이름을 일출봉이라 지어 불렀는데, 2012년 10월 29일 국가지명위원회에서 대한봉(大韓峯)은 그대로 두고, 일출봉을 우산봉(于山峯)으로 변경·고시하여 공식 지명이 되었다. 이후 저자가 독도의 지명 연구를 통하여 1953년에는 성걸봉(聖杰峯) 또는 망울봉으로 불렀다〉

이곳에서는 구 등대 터와 독립문바위, 첫 섬 등이 보이며 마지막 악어 바위 가파른 계단을 내려가면 확트인 구 부두가 나타난다. 예전에는 이 부두를 이용하여 다녔으나 지금은 사용하지 않고 있다.

독립문바위 앞에 있는 첫섬에 세찬 파도가 부서진다. 우리나라 동쪽 끝 제일 첫 번째 있는 바위섬을 '첫섬'이라고 김용범씨가 나에게 제안하여 지명을 지었다. 구 부두 주변 바위에 보찰과 따개비가 잔뜩 붙어 있다. 보찰과 따개비는 독도 어디에서나 많이 볼 수 있는데 우리나라 다른 지역에는 거의 찾아보기 어려워졌다.

일출봉 쪽으로 다시 올라가는 길에 신문기자와 사진작가를 만나 인사하니 815 광복절 특집 준비로 취재 왔다고 한다. 각자의 위치에서 독도를 사랑하니 감사할 뿐이다.

기상악화로 급히 울릉도로 나가야겠다

동도 정상에서 동해를 불러보니 바다가 점점 거칠어지는 것 같다. 마침 여행사 사장으로부터 전화가 왔다. 오늘 현재 기상 상황과 묵호항으로 가는 배편 일정에 대한 연락이었다. 풍랑주의보가 내려져 글피까지 독도 접안이 어려울 것 같다는 통보이다. 다시 찬찬히 바다를 확인하니 남풍이 불어오며 너울성 파도가 동도 부두를 넘실댄다. 큰일이다, 조사는 덜 끝났고 시간도 촉박한데 마음은 급하고 순간 정신이 멍해진다.

너무 더워 물 한 모금 마시고 독도 경비 대원들과 작별 인사하고 한국령 글자 앞에서 인증 사진을 찍고 동도 부두로 내려갔다.

서도 주민 숙소에 계시는 김성도 이장에게 전화하여 고무보트 운행을 부탁하니 바로 서도에서 동도로 건너오신다. 김 이장에게 "아제요 파도가 센데 괜찮닝교" 물어보니 "아직 괜찮은데 오늘 5시 배는 대기 어렵겠다"라고 하신다. 서도를 건너는데 파도가 태산처럼 밀려온다.

숙소에 돌아와 조사한 것을 정리하고 부두에 나와 야경을 보니 사진 촬영이 어렵다. 숙소에 들어와 간단히 씻었는데 손이 간지럽기 시작한다.

악마보다 더 무서운 독도 깔따구는 너무 작아서 보이지 않고, 날아다니는 소리가 나지 않아 언제 물렸는지 손 여러 곳을 물어서 피가 나오도록 긁어 진물이 나온다. 간지럼과 진물이 번져 아주 오랫동안 피부과 치료도 잘 낫지 않는다. 방에 들어와 자리에 누우니 밤새 바람이 세차게 분다. 몹시 가렵다.

밥 한 그릇 뜨고 가라, 그냥 가면 섭섭해서 되나

3일 차 : 2011년 8월 13일(토요일) 아침에 일어나 기상악화로 급히 울릉도로 나가야겠다고 김신열 아주머니께 말씀드리니 "아이고 무슨 소리고" 창으로 바다를 내다보더니 "앉아 봐라, 밥 한 그릇 뜨고 가라, 그냥 가면 섭섭해서 되나"라고 하신다. 서도 부두로 파도가 계속 밀려와 내 마음이 급하여 그냥 가려고 인사를 하니 마구잡이로 "안된다 앉아라" 하신다. "어이쿠 빨리 주소" 그새 가스 불 올려서 소고깃국을 데운다. 밥도 많이 푸신다.

아주머니의 살뜰한 정을 그냥 거절할 수 없다. 소고깃국에 말아 급하게 밥 한 그릇을 먹고 일어났다. "아지메요 건강하소" 하니 "그래, 날 좋은 날 다시 들어오너라" 하시며 부두까지 따라 나와 손을 흔드신다.

오랫동안 이 집에 묵으며 정이 들었고 내가 활동하는 것을 지켜본 분들이라 뒤돌아서는 내 마음도 무척 섭섭하다.

같은 방에 묵었던 경북대학교 연구원들까지 서둘러 짐을 챙겨 나오니 어수선하다. 고무보트가 작아 짐을 싣고 동도 부두로 건너가려면 여러 번 다녀야 모두 건널 수 있다.

방학이라 후포에 사는 김성도 이장의 외손자 김환이가 신나게 뛰어논다. 무거운 짐을 챙겨 다시 동도 부두로 건너왔다. 잠깐이라도 짬을 내 부두 주변 사진을 찍으러 다녔다.

독도 사랑은 모든 국민이 한마음

독도경비대와 독도 관리사무소에 급히 출도 신고를 하였다. 경비 대원이 무전기로 선박의 접안이 가능한지 계속 무선 통신을 한다. 앞으로 이틀 정도 접안이 불가능하다는 내용이다. 오후 2시 30분에 도착하여 오후 3시 출항하는 '씨플라워호'가 동도 부두에 간신이 배를 댄다.

300여 명의 독도 탐방객이 내린다. 독도 방문 기념 현수막을 들고 사진 찍는 분들도 있고 태극기 들고 만세를 부르고 전화가 잘 되는지 통화하는 분 등 독도의 구석구석을 둘러보면서 각자의 방식대로 독도 사랑을 표현하느라 바쁘게 다닌다. 독도 사랑은 모든 국민이 한마음인 것 같아 감사하고 고마운 마음이 든다.

서도 같은 방에서 주무셨던 분들도 몇 자리 남지 않은 좌석을 배정받아 배를 탈 수 있었다. '씨플라워호' 도착 후 20여 분 만에 다시 배를 타야 한다. 비싼 요금을 지불하고 뱃멀미로 바닥에 뒹굴면서 내린 독도인데 아쉽게도 승선을 독촉하는 방송을 한다. 마지막까지 미련이 남아 천천히 발길을 돌려 배를 타는 분들이 많다.

김성도 이장님께 건강히 지내시라는 인사로 이별의 아쉬움을 대신했다. 독도에서 울릉도 가는 뱃길은 파도가 심해 뱃멀미로 배 바닥에 널브러지는 분들이 많다. 오후 4시 50분경 울릉 도동항에 도착하니 여행사 김남희 사장이 5시 30분 울릉도~묵호항 승선표를 구해서 기다리고 있었다.

"안 선생님 짐이 많을 것 같아 사무실에서 마중 왔습니다."라고 하신다. 털털하니 배려심 깊은 김 사장께 감사드린다. 여객선 터미널에서 김남희 사장과 차 한 잔으로 헤어지고 바로 승선 준비를 한다.

오후 5시 30분에 울릉도 도동항에서 출항하니 파도가 심하여 배가 많이 흔들려 천천히 운항한다. 많은 사람이 토하고 나뒹굴며 무척 힘들어한다. 나는 뱃멀미는 하지 않아 괜스레 미안한 마음이 든다.

밤 9시경에 묵호항에 도착하였다. 택시를 대절하여 강릉항으로 가니 40여 분이 걸린다. 강릉항에 주차해 두었던 승용차에 짐을 싣고 영동고속도로를 달려 집에 도착하니 새벽 1시 30분이다. 그제야 집사람에게 라면 한 그릇 끓여 달라고 하여 늦은 저녁을 먹었다.

김신열 아주머니가 차려준 소고깃국 점심을 먹고 난 뒤 꼬박 13시간 만에 먹는 식사이다. 밤늦은 라면 국물에 독도 탐사의 보람을 함께 섞어 맛보면서 이 기록을 남긴다. 〈2011년 8월 17일 안동립〉

2. 독도의 일반현황 (2008. 7. 국토해양부)

[독도에 대한 우리 정부의 기본 입장]

1) 독도는 역사적, 지리적, 국제법적으로 명백한 우리 고유의 영토입니다. 독도에 대한 영유권 분쟁은 존재하지 않으며, 독도는 외교 교섭이나 사법적 해결의 대상이 될 수 없습니다.

2) 우리 정부는 독도에 대한 확고한 영토주권을 행사하고 있습니다. 우리 정부는 독도에 대한 어떠한 도발에도 단호하고 엄중하게 대응하고 있으며, 앞으로도 지속적으로 독도에 대한 우리의 주권을 수호해 나가겠습니다. (출처: 외교부 홈페이지, 2021)

1. 행정구역

〈지번 주소〉 경상북도 울릉군 울릉읍 독도리 1-96번지(분번 포함 101필지)

〈도로명 주소〉 (우) 40240

○ 독도경비대: 경상북도 울릉군 울릉읍 독도이사부길 55
○ 독도등대: 경상북도 울릉군 울릉읍 독도이사부길 63
○ 주민숙소: 경상북도 울릉군 울릉읍 독도안용복길 3

〈위치〉

○ 동도: 북위 37도 14분 26.8초, 동경 131도 52분 10.4초
○ 서도: 북위 37도 14분 30.6초, 동경 131도 51분 54.6초
○ 독도 ~ 울릉도 87.4km에 위치
○ 독도 ~ 일본 오키섬 157.5km에 위치

2. 구성 및 면적

1) 독도는 화산활동에 의해 생성된 섬으로 2개의 큰 섬(동도, 서도)과 89개의 부속 도서로 구성(총면적 187,554㎡)

① 부속 도서 면적: 25,517㎡
② 공시지가: 848,247,923원(2008 기준)

2) 동도: 우산봉 높이 98.6m이고, 섬의 둘레 2.8km이다. 접안시설, 경비대, 헬기장, 유인 등대 등의 시설이 있다.

3) 서도: 대한봉 높이 168.5m이고, 섬의 둘레는 2.6km이다. 주민 숙소, 등반로, 물골에 식수 시설이 있다.

3. 독도현황 고시문

동북아의평화를위한바른역사정립기획단고시제2005-2호
행정자치부고시제2005-7호, 건설교통부고시제2005-164호
해양수산부고시제2005-30호, 독도현황을 다음과 같이 고시합니다.
                                    2005년 6월 28일
동북아의평화를위한바른역사정립기획단장
        행정자치부장관, 건설교통부장관, 해양수산부장관

4. 법적 지위

1) 「국유재산법」 제6조의 규정에 의한 '행정재산'(관리청: 해양수산부)

2) 「문화재보호법」 제6조에 의한 '천연기념물 제336호 독도천연보호구역'

○ 1982. 11. '천연기념물 제336호 독도해조류번식지'로 지정된 것을 1999.12. '천연기념물 제336호 독도천연보호 구역'으로 명칭 변경

○ 2006. 9. 국가지정문화재(천연기념물 제336호 독도천연보호구역) 문화재구역 정정 고시 (문화재청 고시 제2006-80호)

3) 「독도 등 도서지역의 생태계보전에 관한 특별법」 제4조에 의한 '특정 도서'※ 2000. 9. 환경부 고시(제2000-109호)로 지정

4) 「국토계획 및 이용에 관한 법률」 제6조에 의한 '자연환경보전지역' ※ 1990. 8. 건설부 고시(제487호)로 지정

5. 독도의 지리적 여건

1) 북위 37도 14분 26.8초, 동경 131도 52분 10.4초
2) 울릉도 동남향 87.4km 위치(일본 오키섬 북서향 157.5km)
3) 독도 기점 주요지점 간의 거리
울릉도 87.4km, 동해 243.8km, 죽변 216.8km, 포항 258.3km, 부산 348.4km, 오키섬 157.5km

6. 독도의 자연 현황

형성 : 460만 년 전~250만 년 전에 화산분출로 형성

※ 울릉도: 250만~1만 년 전, 제주도: 120만~1만 년 전

구성 : 동도, 서도, 기타 부속 도서
환경 : 가파른 절벽과 암초로 형성
지질 : 현무암, 조면암류, 응회암류
물 : 서도의 물골, 급수, 담수시설
동물 : 쥐(포유류가 없다고 하지만 쥐가 많이 산다.), 삽살개
식물 : 사철나무, 섬괴불나무, 동백, 해송, 왕거미풀 등
곤충 : 잠자리, 벌, 집게벌레, 메뚜기, 딱정벌레, 파리, 나비 등
조류 : 괭이갈매기, 슴새, 바다제비, 황조롱이, 물수리, 노랑지빠귀, 흑비둘기, 딱새 등
해양생물 : 오징어, 꽁치, 방어, 전복, 소라, 해삼, 문어, 미역, 홍합 등

7. 독도의 기후

1) 난류의 영향을 많이 받는 전형적인 해양성 기후로 연평균 기온 12.4℃, 1월 평균 1℃, 8월 평균 23℃로 비교적 온난

2) 안개가 잦고 연중 흐린 날 160일 이상, 강우일수 150일 정도

3) 연평균 강수량은 약 1,383.4mm, 겨울철 강수는 대부분 적설의 형태

4) 서도의 북쪽 해안에 약 5m 높이 동굴에서 용출수(물골) 발견(1일 1,000ℓ)

5) 울릉도의 바람은 서풍과 남풍계열이 출현빈도가 높으며 연간 평균풍속은 4.3㎧이다.

8. 독도 지질

1) 독도는 해저 약 2,000m에서 해저화산의 폭발과 용암분출이 반복적으로 진행되면서 약 460만 년 전에서 250만 년 전(신생대 제3기 플라이오세)에 형성된 화산섬이다.

2) 지질 : 화산활동에 의하여 분출된 알칼리성 화산암으로 구

성되어 있으며, 암석의 분석결과 현무암과 조면암으로 분석되었다. 토양은 산 정상부에서 풍화하여 생성된 잔적토로서 토성은 사질양토이며, 경사 30도 이상의 급격한 평행사면을 이루는 흑갈색 또는 암갈색의 토양이다.

3) 흙 깊이는 깊은 곳이 60㎝ 이상인 곳도 있으나 대부분 30㎝ 미만으로, 토양입자가 식물 뿌리에 밀착되어 있어 토양유실의 가능성은 작으나 서도의 일부 노출된 토양의 경우 토양유실 현상이 관찰되고 있다.

1) 조면암(trachyte): 세립의 반상조직을 보이는 분출암. 알칼리 장석과 소수의 유색광물(흑운모, 각섬석 또는 휘석)을 주성분 광물로 포함하며 소량의 소다 사장석을 포함하기도 한다. 알칼리 장석의 양이 감소하면 래타이트(latite)로 전이되고 석영의 양이 증가하면 유문암이 된다.

2) 각력암(breccia) : 조립질 쇄설암으로 둥글게 마모되지 않은 각력들이 세립이나 중립의 입자 들과 함께 모여서 이루어진 암석

3) 응회각력암(각력응회암: tuff brecia): 화산재, 라필리 및 화산 바윗덩어리가 거의 동일한 양으로 섞여 있는 화산쇄설성암

4) 스코리아(scoria) : 다공질이고 불규칙한 형태의 화산탄 크기의 화산쇄설물. 일반적으로 부석(뜬 돌)보다는 무겁고 어두운 색을 띠며 보다 결정질이다.

5) 층상라필리응회암 : 주로 라필리 크기의 입자들이 평행한 층리를 보이며 배열되어 있는 화산쇄설성암

6) 스코리아질 라필리응회암 : 스코리아 성분의 라필 리가 주성분을 이루고 있는 응회암

7) 조면안산암(trachyandesite) : 조면암과 안산암의 중간 조성을 보이는 분출암. 나트륨 사장석, 알칼리 장석, 흑운모, 각섬석 또는 휘석을 포함한다.

9. 거주 현황

1) 독도경비대 : 1996년 창설되어 2011년 의무경찰을 전국단위 별도 선발하여 10년간 울릉도(독도)를 수호하였다. 경북지방경찰청 울릉경비대 소속 경찰관 3명(경위 1, 경장 2), 전경 34명(2개월 근무 후 교대) 하였는데, 정부의 의무경찰 폐지 방침으로 경찰관 경비대로 대체됨에 따라 2021년 3월 의무경찰을 해단하고, 2021년 3월 18일 경상북도경찰청 울릉경비대는 경찰관으로 교체된 이후 완벽하고 빈틈없는 해안경계 및 작전체계 구축을 위한 '울릉경비대 경찰관 기동대' 창설하였다.

2) 등대관리원 : 포항지방해양항만청에서 등대원 6명이 2개조, 1개월씩 3명 근무(1개월 단위로 교대)

3) 독도관리소 : 2008년 4월부터 울릉군청 독도관리사무소 직원 2명이 10일씩 순환 교대로 파견되어 주민숙소에 상주, 독도 입도객의 안전지도 및 독도 주민 생활 지원과 주민 숙소 시설물 관리 등 독도 유인화 정책인 독도 주민 정주 기반 조성에 일조하고 있다.

4) 독도 주민(2020년 12월 31일 기준)

① 최종덕 : 1965년 3월 울릉도 주민인 고 최종덕 씨가 최초로 거주를 시작하면서 1968년 5월에 시설물 건립에 착수했다. 그 후 1981년 10월 14일 독도를 주소지로 주민등록에 등재했고, 1987년 9월 23일 사망할 때까지 독도에 거주하였다.

② 조준기 : 최종덕 씨의 사위 조준기 씨가 1987년 7월 8일 같은 주소에 전입하여 거주하다가, 1991년 2월 9일 울릉읍 독도리 20(구 도동리 산 63)번지로 전입하였다. 그는 1994년 3월 31일 전출하였다.

③ 김성도, 김신열 : 1991년 11월 17일 이후부터는 독도 3대 주민인 김성도, 김신열 씨 부부 1세대 2명이 울릉읍 독도리 20-2(구 도동리 산63)번지 독도 주민숙소에서 어로활동에 종사, 2013년 5월 21일 독도 사랑 카페를 운영하여 2014년 1월 독도 주민 최초 국세를 납부해 독도의 국제법적 지위를 공고하는데 기여하였고, 2018년 10월 21일 독도 이장 김성도(78세) 씨가 지병으로 사망, 현재 부인인 김신열 씨가 독도 주민으로 등재 되어있다. 위의 주민들을 제외하고 지금까지 같은 주소지에 거주하였던 주민들은 다음과 같다. 최종찬(91. 6. 21.~93. 6. 7.), 김병권(93. 1. 6.~94. 11. 7.), 황성운(93. 1. 7.~94. 12. 26.), 전상보(94. 10. 4.~94. 12. 18.) ※ 등록기준지(구 호적) 3,592명 등재

항목	내용	비고
울릉도와 독도간 거리	87.4 km (47.2 해리)	간조시 해안선 기준 최단거리
경북울진 죽변과 독도간 거리	216.8 km (117.1 해리)	
경북울진 죽변과 울릉도간 거리	130.3 km (70.4 해리)	
독도와 오키섬간 거리	157.5 km (85.0 해리)	
독도의 면적	187,554㎡	
동도, 서도, 부속도서의 면적	73,297㎡, 88,740㎡, 25,517 ㎡	
동도와 서도간 거리	151m(간조시해안선 기준 최단거리)	
독도 좌표 (동도 좌표)	북위 37도 14분 26.8초 동경 131도 52분 10.4초	최고위점
독도 좌표 (서도 좌표)	북위 37도 14분 30.6초 동경 131도 51분 54.6초	최고위점
서도 대한봉 높이	168.5m	
동도 우산봉 높이	98.6m	
서도 탕건봉 높이	100.6m	
삼형제굴바위 높이	45.2m	
촛대바위 높이	16.1m	
독도의 둘레	5.4km	
동도와 서도의 둘레	2.8km, 2.6km	
평균 해수면 높이	16cm	
독도 섬의 갯수	큰섬 2개와 작은섬 89개	

독도 찬가

김현성

동해바다에 불끈 솟아오르는

독도는 늠름하구나

동도와 서도 서로 바라보면서

함께 사는 형제섬이다

울릉도에서 네 얼굴이 보이고

오랜 우정이 바다처럼 깊구나

동도와 서도에 무지개다리가 있어

하얀 갈매기도 건너가는구나

동해바다에 불끈 솟아오르는

독도는 아름답다.

(2008년 8월 9일 독도에서, 김현성)

3. 내 친구 김현성의 "독도 찬가"

김현성 가수·작곡가·시인, '이등병의 편지', '가을 우체국 앞에서' 등
독도 찬가는 2008년 8월 7일부터 4박 5일간 필자(안동립)와 독도에서
촬영한 EBS 교육방송 2부작 '리얼실험프로젝트X – 5인의 독도 특공대'
를 찍을 때 독도에서 지은 노래다. 서정적이고 애잔한 멜로디가 가슴을
울리며 독도에 아름다운 광경이 와닿는 듯 생생한 감동을 준다. 여러분
도 이 노래를 들으면서 독도 사랑을 느껴보시기를 바랍니다.

[노래 듣기] 인터넷·유튜버에서 **"독도 찬가 김현성"**을 검색하면 됩니다.

獨島寫眞集草本 讀後吟

이일걸

大巖壯聳扶桑中
誰識靑螺和璧崇
天命神工化道器
監官安朴守護功
海親晝夜日星月
島老春秋濤雪風
紅暾氣飛千尺漢
彩霞嵐掛萬尋虹

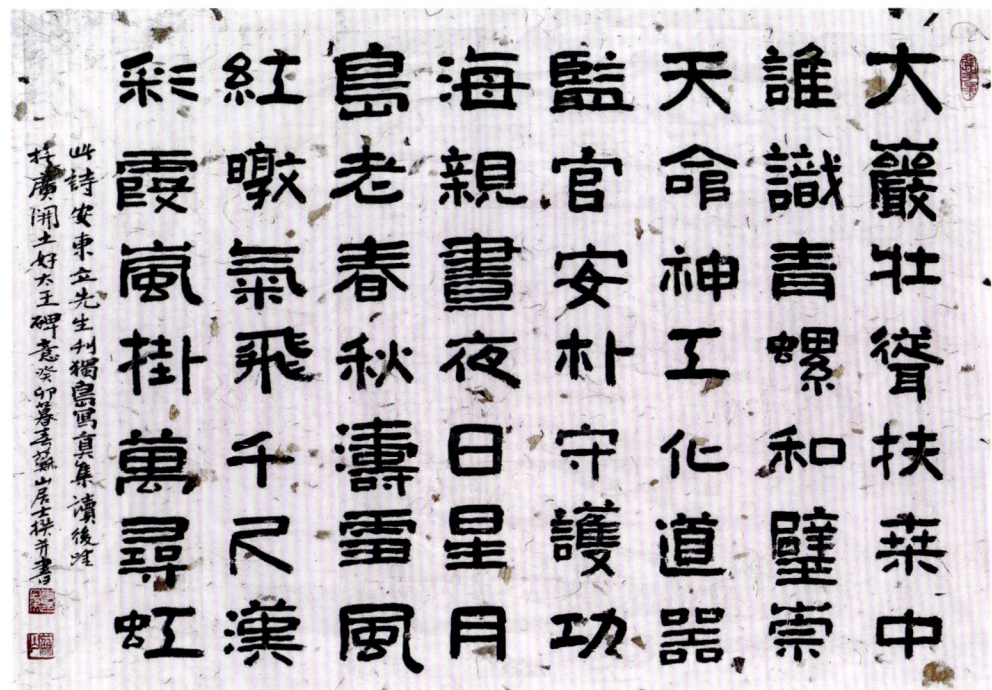

4. 안동립의 독도 이야기 출간 축하 詩
이일걸 (한국간도학회 회장)

선생님은 정치외교사학자로 한국간도학회와 한국금문학회 회장으로 있으며, 고토인 간도 땅 회복운동과 중국과 일본에 의해 조작·왜곡된 우리 고대사 바로 찾기 운동에 매진하고 있습니다.

독도 사진집 초본을 읽고 나서 (이일걸)

동해 바다 가운데 해가 뜨는 곳에 기상이 웅장한 바위가 솟았다네

푸른 소라고등 같은 이 바위가 천하 명옥(名玉) 화씨지벽(和氏之璧)임을 누가 알겠는가

하늘이 신묘하게 만든 것이 우리 민족 상징의 으뜸 보물이라네

감세관(監稅官) 안용복(安龍福)과 박어둔(朴於屯) 이를 지키고 보호하여 공을 세웠다오

바다는 밤낮으로 해, 달, 별을 맞이하여 새로운 조화(造化)를 만들어 내고

섬은 파도, 눈, 바람의 불어대는 세월만큼 늙어가네

새벽 해돋이의 뜨거운 붉은 광기(光氣)도 천 자(千尺)의 은하수를 만나 흩어지고

아름다운 저녁노을의 남기(嵐氣)에는 만 길(萬尋)의 오색찬란한 무지개가 걸려있네

5. 이 책을 만드는 데 도움을 주신 분들….

[추진위원회 공동대표]
김현성(가수·작곡가, 이등병의 편지)
강욱천(한국민예총 사무총장)
김두환(전 백화여고 교장)
오문수(오마이뉴스 기자)
조홍기(전 강남구청 안전교통국장)

[교정 검토]
강명자(작가)
강욱천(한국민예총 사무총장)
궁인창(생활문화아카데미 대표)
김건철(전 한국오리엔티어링학생연맹 회장)
김낙현(한국해양대학교 교수)
김두환(전 백화여고 교장)
김상수(계명대학교 교수)
김연빈(도서출판 귀거래사 대표)
김현길(등대 시인, 독도항로표지관리소)
김현성(가수·작곡가, 이등병의 편지)
박석룡(무안소방서)
박승일(용산구청)
박인석(IN 대표)
백homas인(전북대학교 명예교수)
손희해(전남대 명예교수, 전 한국지명학회장)
안경섭(대구노변초등학교 교장)
안혜선(마이크로소프트)
오문수(오마이뉴스 기자)
이상균(동북아역사재단)
이성구(국회사무처)
전찬호(전 강서구청)
조홍기(전 강남구청 안전교통국장)
최선웅(한국지도제작연구소 대표)
최성미(전 임실문화원장)
최인경(전라북도청)
하형준(광주경찰청 경감)

황영원(수필가, 그래픽디자이너)

[관련 단체]
국토지리정보원
대한오리엔티어링연맹
독도경비대(경상북도경찰청)
독도관리사무소(울릉군청)
독도등대(독도항로표지관리사무소)
동북아역사재단
울릉도매니아 여행사
제천지적박물관
한국독도산업협회
한국영토학회
한국지도학회

[자문]
강영복(충북대학교 명예교수)
구영국(황칠 작가, 교수)
구영철(울산오리엔티어링연맹 회장)
김남석(도서출판 대원사 대표)
김다원(광주교육대학교 교수)
김만곤(전 남양주양지초교 교장)
김석규(전 고조선유적답사회 회장)
김세환(고조선유적답사회 고문)
김억연(전 삼척시의원)
김영찰(산악인)
김용범(독도 첫섬 명칭 제안자)
김의승(서울시 행정1부시장)
박석희(한국독도교육연구소 소장)
산하 덕진스님(울산 정토사 주지)
서길수(고구리·고리연구소 이사장)
서승(전 전주문화원장)
서정현(등촌고교 교감)
송호열(전 서원대학교 총장)

신원정(충북대학교 교육개발연구소)
신현근(다빈치지식지도 운영자)
안종화(의성향토문화연구소 소장)
우실하(한국항공대 교수)
윤명철(사마르칸트대학교 교수)
이규소(온다라 역사문화 연구회)
이기백(서울둘레길 운영위원장)
이기석(서울대학교 명예교수)
이래현(맥테크플랜트 대표)
이미선(맥테크플랜트산업 대표)
이범관(경일대학교 교수)
이상태(한국영토학회 회장)
이일걸(간도학회 회장)
이효웅(해양탐험가)
장주순(전 금산군청)
전창우(오성여객 실장)
정의영(고조선유적답사회)
정채호(범선코리아나호 선장)
조은아(고조선유적답사회)
최성미(전 임실문화원 원장)
최재영(대구가톨릭대학교 조교수)
한규진(시인, 전각가)
한도석(전 은평구청)
홍성근(동북아역사재단)

[후원]
강병욱(달구벌오리엔티어링클럽 회장)
강상윤(시인)
강서구(한국청소년탐험연맹 총대장)
강진규(임실군청)
강태환(전 대구미래대학교교수)
고재성(충남도청)
곽진오(동북아역사재단 명예연구위원)
구성철(테라안전진단 부회장)
권교상(지도제작인)
권범로(전 F-TV 이사)
권베드로(전 독도경비대원)
권용회(지도코리아 대표)
권용석(전 강동고교)
권춘길(110공병대3중대 전우)
김경득(초중 동기)
김경철(전 울릉군청)
김기경(전 대한오리엔티어링 회장)
김기백(울릉문화원 자문위원장)
김기창(고교 동기)
김남희(울릉도매니아 대표)
김대경(전 성동구청)
김만섭(한문화타임즈 대표)
김미애(울릉도매니아)
김법성(원광종합상사 대표)
김복례(작가 전주)
김봉권(고교 동기)
김석태(전 고창신림중교 교장)
김성선(여행문화학교산책 대표)
김성호(대한오리엔티어링인천연맹)
김수진(사업가)
김소만(장계면)
김시환(고교 동기)
김영기(단군단 대표)
김영란(비금도함초여인 대표)
김영조(우리문화신문 대표)
김용복(첨단공간정보 상무)
김용찬(월간pt 발행인)
김월광(초중 동기)
김윤희(고조선유적답사회)
김인현(한국공간정보통신 대표)
김장식(고원공간정보 회장)
김재욱(대전광역시청)

김정곤(온다라역사문화연구회)
김종구(고교 동기)
김종권(독도사진관 대표)
김종근(동북아역사재단)
김종옥(빛나리농원 대표)
김진문(대구오리엔티어링연맹 회장)
김진영(한국검인정교과서협회)
김진희(김성도 따님)
김찬환(마포고교 지리교사)
김태선(포스코)
김태우(삼성전자)
김한섭(한문화타임즈 대표)
김한식(전 임실군청)
김해근(전 울산시청)
김현진(인천첨단초교)
김형수(초중 동기)
김휘성(별나무효소초 대표)
나종은(대한오리엔티어링연맹)
나종택(한강사업본부)
나진우(전 익산시평화동장)
남궁근(전 서울시청)
남기호(한국스카우트연맹, 훈련교수)
남원호(BGI 대표)
남창덕(고교 동기)
노상관(전 KBS)
노소남(여행가)
도정환(JH international 대표)
류상희(한국검인정교과서협회)
류홍걸(텍스젯몰 대표)
문규식(장원교육 대표)
문영준(110공병대3중대 전우)
박경미(대한오리엔티어링연맹 부회장)
박광수(사업가)
박광영(110공병대3중대 전우)

박근세(사진작가)
박길종(산악인)
박무웅(돌감자장학회 회장)
박무창(초중 동기)
박미경(대한오리엔티어링연맹)
박복용(삼아항업 회장)
박성권(고교 동기)
박승기(산악인)
박영하(고교 동기)
박오헌(웨스팅하우스)
박용식(110공병대3중대 전우)
박정근(대전광역시청)
박종건(부산오리엔티어링연맹)
박종세(교수 인쇄산업신문 대표)
박종진(숙명여자대학교 명예교수)
박종하(문덕인쇄 회장)
박종휘(동성감리단)
박주현(사진작가)
박준홍(전 KBS)
박찬영(리베르스쿨 대표)
박태균(안성미디어 대표)
박해영(전 기업인)
박형환(부산오리엔티어링연맹)
박홍주(지도제작인)
반제천(전 철도청)
배성기(건설업)
백상근(초중 동기)
백성철(명성간호학원 원장)
변중호(귀금속 작가)
서강원(기업인)
서동제(전 군인)
석진권(삼영유화산업 대표)
성삼조(전 한국검인정교과서 이사장)
성석경(원교재 대표)

성지오(수필가)
소병조(대한오리엔티어링연맹)
손수복(사진작가)
문(대구오리엔티어링연
손영숙(전라북도청)
손원철(전 동작구청)
손진영(국회보좌관)
손칠규(산악인)
송세근(트레킹가이드, 탐험가)
송용철(작가)
송한철(전 성북구청 지적과)
수산나(김지영 수녀님)
신정훈(만화가)
신준범(월간산 차장)
심영진(다큐사진작가)
안경락(시흥시)
안기선(임실군청, 도영 대표)
안병주(순흥안씨제3파종회 회장)
안상식(대현비철금속 대표)
안상윤(경남오리엔티어링연맹 회장)
안상현(안흥고등학교 교사)
안석열(초중 동기)
안중국(전 월간산 편집장, 국립등산학교 교장)
안지훈(위상공감 대표)
안진홍(공인회계사)
안태진(초중 동기)
양경효(월드페이퍼)
양남준(테크젠 대표)
양승부(부천산울림수련관 관장)
양해숙(몽골 울란바타르대학)
엄태훈(110공병대3중대 전우)
여진현(한산사 신도회장)
오경환(고교 동기)
오두호(대한스포츠융합교육사회적협동조합 전무)

오민준(캘리그라피 작가)
오상택(전 경찰)
오순희(수필가, 여행작가)
유대균(전 교육부, 동북아역사대책 팀장)
유정훈(도서출판 들샘 대표)
유종락(110공병대3중대 전우)
유학록(대전광역시청)
유해근(안성액자 대표)
윤건수(전 충남경찰청 항공대장)
윤대열(고교 동기)
윤여숭(태조산청소년수련관 관장)
윤진영(대학서림 대표)
윤진호(산악인)
윤철중(가산종합건설 대표)
이강원(한국에스지티 대표)
이경현(대한오리엔티어링경북연맹)
이길수(전 군인)
이길재(110공병대3중대 전우)
이동훈(MBN 차장)
이두희(지도제작자)
이명수(수정감리교회 담임목사)
이명호(교장, 야생화전문가)
이민숙(여행작가)
이봉주(경북오리엔티어링연맹)
이상균(110공병대3중대 전우)
이상필(금산군청)
이성기(고교 동기)
이수환(고조선유적답사회)
이영철(고교 동기)
이영희(유창건설기계)
이용범(110공병대3중대 전우)
이용숙(대한오리엔티어링연맹 부회장)
이재영(전 대한오리엔티어링연맹 회장)
이재진(월간산 편집장)

이정훈(명지대학교 객원교수)
이종계(상원고교 교사)
이종석(대한오리엔티어링연맹 회장)
이종인(서울시 공공주택과)
이준혁(누림디자인 대표)
이진상(원불교 교무)
이진일(대전광역시청)
이해선(사진작가)
이해학(겨레살림공동체 이사장)
이현동(청소년지도자)
임정의(사진작가)
임종규(서예가)
임진욱(제이알팩토리 독도소주 대표)
임택범(중랑구청)
장승재(DMZ문화원장)
장진규(임실군청)
저리거(몽골)
전두성(열린캠프, 산악인)
전신자(전 영락고교 교사)
전영상(금산군청)
전영운(조영산업 대표)
전우민(전 대구시청)
전찬환(마포고교 지리교사)
전충진(여기는 독도 작가)
정광태(독도는 우리땅, 가수)
정안철(영덕청소년수련원)
정영우(여도중학교 교사)
정영준(대전광역시청)
정원철(세계문화예술진흥원 원장)
정장운(한국공간정보산업협동조합 전무)
정재욱(대전광역시청)
정지현(전 성동구청)
정호진(국제NGO생명누리공동체 대표)
정희수(삼척상공회의소 회장)

조기설(감정평가사)
조남경(대전광역시청)
조성연(스토리빙 대표, 영화제작)
조성필(지오스페이스 대표)
조영문(울릉광고사 대표)
조준형(문우당서점 대표)
주병오(지구문화사 대표)
주선종(고교 동기)
지영관(고교 동기)
천기철(사진작가)
천만수(대영정밀 대표)
천정영(임실문화원)
최기준(문덕인쇄 이사)
최성국(삼척도계고 교장)
최은수(MBN 보도본부장)
최인찬(디엠일렉 대표)
최재은(전 홍성군청)
최정일(전 LS구미공장 공장장)
최진헌(지도제작자, 사진작가)
최하근(초중 동기)
하영택(장수가야지 대표)
하태현(전 대한오리엔티어링연맹 회장)
허만갑(전 낚시춘추편집장)
허정원(대한오리엔티어링서울연맹 회장)
한성철(전 임실군청)
홍성룡(전 서울시의원, 독도향우회 회장)
홍승원(김포향우회회장 서예가)
홍종옥(측지측량업 대표)
황용한(명진휠타산업 대표)
황현규(고조선유적답사회)
황현득(고조선유적답사회)

"독도 KOREA" 안동립의 독도 이야기 2005~2022 출간 추진위원회

지도제작자, 독도 연구가, 사진작가, 여행기획자로 오랫동안 활약해온 안동립이 독도사진집을 준비합니다. 2005년부터 최근까지 독도를 방문, 연구한 안동립은 누구도 따라 할 수 없는 다양한 독도의 사진을 우리에게 보여주었습니다. 독도 생태에서부터 지리에 이르는 그의 취재 작업은 실로 놀라운 일이었습니다.

현장 탐방에 기반한 '독도사진전'과 '독도 강연'은 우리에게 많은 감명을 주었습니다. 일본에 비해 이렇다 할 독도 자료가 너무도 빈약한 오늘, 그는 정말로 귀중하고 의미 있는 작업을 홀로 해왔습니다. 안동립의 독도 사랑과 구석구석에 숨은 보석들을 세상에 드러내는 작업은 2020년 대통령 표창과 동북아역사재단으로부터 독도 사랑상을 받기도 했습니다.

우리는 이제 그의 외로운 작업에 작은 힘을 보태기 위해 안동립의 독도 이야기를 책으로 출간하여 대한민국 역사의 한 페이지에 남기고자 합니다.

이 책은 일반 책과 달리 적지 않은 비용이 발생합니다. 개인이 감당하기에는 부담스러운 일입니다. 아무쪼록 여러 지인과 후원인들의 뜻을 모으고자 합니다.

"독도 KOREA" 책과 함께 독도 음반, 엽서, 강연, 공연 등 몇 가지 작업을 진행할 것입니다. 이책이 교육자료와 독도 문화콘텐츠로 활용되기를 바라며, 후원인들의 성함을 발간하는 책 뒷면에 모두 기재합니다.

추진위원회 공동대표   김현성(가수 · 작곡가, 이등병의 편지, 가을우체국 앞에서)
강욱천(한국민예총 사무총장, 문화예술기획 시선 대표)
김두환(전 백화여고 교장)
오문수(오마이뉴스 기자)
조홍기(전 강남구청 안전교통국장)

* **안동립**
– 동아지도 대표, 독도연구가, 사진작가, 여행기획자
– 서울 광화문 중앙광장 : 국화꽃 향기 가득한 독도 사진전(2014. 9.)
– 서울시교육청 서울교육갤러리 : 천혜의 비경 독도 사진전(2018. 6.)
– 서울시교육청 서울교육갤러리 : 한국의 아름다운 섬 독도 1박 2일(2020. 3.) 외
찾아가는 전시회로 여러 초 · 중 · 고등학교에서 독도 사진전과 초청 강연을 했다.
독도지형지도와 생태지도, 8편의 독도 논문을 발표하여 학계에 많은 관심을 모았다.

연락처 : 김현성 010-5436-6766, 안동립 010-9342-7557
이메일 : starmap7@hanmail.net   계좌: 한국씨티은행 442-09917-260 안동립

 [MBN뉴스피플]
'하늘 열리는 감동' 사진 속에 묻어난
독도지킴이의 독도사랑
2021.03.19. 이동훈 기자
https://www.mbn.co.kr/news/culture/4453920

 [중앙일보]
"독도 최고봉에 이름 없다는 사실에 큰 충격"
2008.05.15. 김용범 기자
https://www.joongang.co.kr/article/3147337

 [월간산]
독도에 올인, 독도지도 펴낸 동아지도 안동립 대표
2010.08.11. 글 신준범 기자, 사진 한준호 기자
http://san.chosun.com/news/articleView.html?idxno=5545

 [sbs 8시 뉴스]
지도로 지킨 독도, 일본은 가질 수 없는 역사"
2012.08.15. 홍승준 기자
http://news.sbs.co.kr/sports/section_sports/sports_read.jsp?news_id=N1001328968

 [스포츠한국]
독도를 아시나요 '독도엔 40여 부속섬 이름 있어요'
2008.07.23. 김성환 기자
http://sports.hankooki.com/news/articleView.html?idxno=3413756

 [원불교신문]
전문인 / 동아지도 안동립 대표
2011.09.30. 이여원 기자
http://www.wonnews.co.kr/news/articleView.html?idxno=102004

 [TBC대구방송 8시 뉴스]
우리 땅 독도에 동굴이 21개
2019.07.29. 정병훈 기자
http://www.tbc.co.kr/tbc_news/n14_newsview.html?p_no=20190729142220AE09600

 [국방일보]
'영원한 우리 땅'… 그 섬에 가다
2008.08.14. 글=김종원, 사진=이헌구 기자
https://kookbang.dema.mil.kr/newsWeb/20080814/1/ATCE_CTGR_0010010000/view.do

 [동아닷컴]
봉우리 곳곳 '움푹'…독도가 무너지고 있다
2012.10.29. 이정훈 기자
https://www.donga.com/news/Society_List/article/all/20121029/50475920/1

 [MBN 8시 뉴스]
행방 묘연한 '독도 한국령' 암각 찾았다.
"보존 절실"
2020.08.15. 강세현기자
https://www.mbn.co.kr/vod/programView/1250744

 [중앙일보]
'대마도는 우리 땅' 전국 지도 나왔다
2008.09.26. 김용범 기자
https://www.joongang.co.kr/article/3313475#home

 [중앙일보]
독도 봉우리 이름 우산봉·대한봉
2012.10.29. 한애란 기자
https://www.joongang.co.kr/article/9722795

 [SBS 출발 모닝와이드]
나는 대한민국 독도 지킴이!
2008.07.17. 송기훈의 현장
https://programs.sbs.co.kr/culture/morningwide/vod/54234/22000011870

 [대구매일신문]
'대마도 우리 땅' 거꾸로 지도 등장
2008.09.29. 울릉·허영국기자
https://news.imaeil.com/page/view/2008092909500697168

 [한국일보]
독도가 바위섬이 아니라는 것 보여주고 싶었죠
2014.09.27. 박소영 기자
https://www.hankookilbo.com/News/Read/201409270478190835

 [대한사랑]
독도와 한국 국토에 관한 연구
'안동립 독도 연구가' 2022.03.24. 유튜버방송
https://www.youtube.com/watch?v=MyB80B2rols

 [경향신문]
그의 지도에는 '대마도도 한국땅!'
2009.01.02. 고영득 기자
https://www.khan.co.kr/national/national-general/article/200901021005391

 [월간산]
독도사진전 개최한 안동립씨
2014.11.26. 김기환 기자
http://san.chosun.com/news/articleView.html?idxno=8854

[EBS교육방송] 2부작 리얼실험프로젝트X, 독도 생태지도 제작
나선 5명의 특공대, **1부**: 2008.09.02. / **2부**: 2008.09.09 방영
[MBC라디오] 손석희의 시선집중 미니인터뷰, 2008.05.16 방송에
이어서 2008.07.21일 다시 한번 캐스팅되어 방송되었다.
[국군방송TV] 명사 토크쇼, 성공하려면 군에 가라 2009.08.28.

 [주간동아]
정부도 인정한 안동립의 독도 지도전쟁
2009.06.25. 이정훈 동아일보 출판국 전문기자
https://weekly.donga.com/3/all/11/87829/1

 [오마이뉴스]
"독도에서 가장 고통스러운 건 산사태와 깔따구"
2017.08.21. 오문수 기자
https://www.ohmynews.com/NWS_Web/View/at_pg.aspx?CNTN_CD=A0002351593

6. TV 뉴스·신문 보도·독도 수호 활동

△ 독도 현지 조사

△ 겨울 안용복 뱃길 탐사

△ 한국지도학회 논문 발표

◁ 독도 지도 폐기
(내용 109쪽 참조)

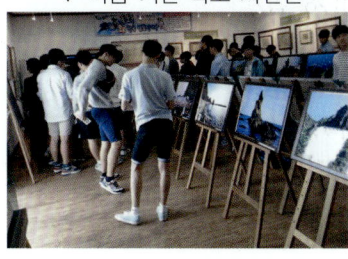
▽ 각급 기관 독도 사진전

△ 초·중·고·대학·공무원 연수원 강연 활동

△ 임종규(서예가)

△ 방송 출연 리얼실험프로젝트X 5인의 독도 특공대

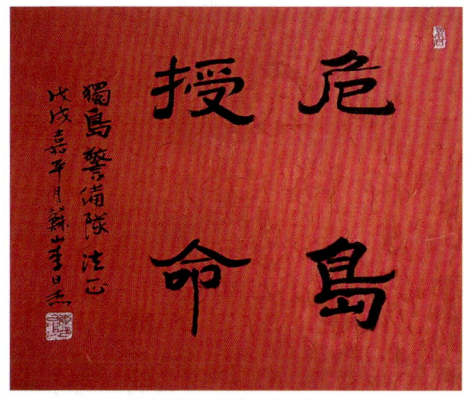
△ 이일걸(간도학회 회장)

△ 독도 사진전

△ 독도 공연

△ 구영국(황칠 작가, 교수)

▽ 자랑스런 동도인상   ▽ 독도 사랑상   ▽ 대통령 표창

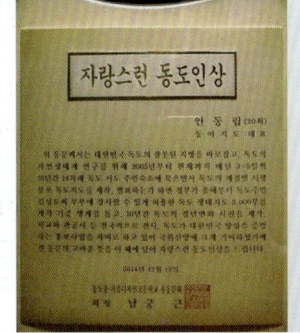
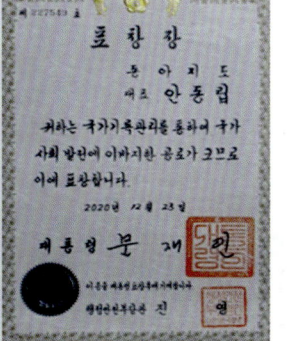

▽▷ 성명 전각(한규진 작가)

안동립의 독도 이야기 2005~2022

독도 KOREA

초판 1쇄 : 2023. 6. 7
펴 낸 날 : 2023. 6. 15
지 은 이 : 안동립
편집 제작 : 편집부
발 행 인 : 안동립

펴 낸 곳 : **동아지도** Dong-A Mapping CO., LTD
주　　소 : 경기도 부천시 안곡로4 삼익3차아파트 상가동 301
전　　화 : (032)224-7557
홈페이지 : www.map4u.co.kr
이 메 일 : starmap7@hanmail.net
찍 은 곳 : 문덕인쇄
출판등록 : 제1-919호(90.4.23)

I S B N : 978-89-85433-75-4(03980)
　값　　 : 35,000원

* 자료·제작 협조 : 울릉군청 독도관리사무소, 독도경비대, 독도 등대, 국토지리정보원, 공간정보산업협회, 울릉도매니아, 동북아 역사재단, 한국영토학회, 한국지도학회
* 이 책의 저작권은 동아지도에 있습니다. 본사의 서면 동의 없이는 책의 내용을 어떠한 형태나 수단으로도 이용하지 못합니다.
* 도서구입 : emap4u@naver.com, starmap7@hanmail.net로 송금 후 주소와 전화번호를 보내주세요.
* 한국씨티은행 442-09917-260 예금주 안동립, 1권 35,000원
* 잘못된 책은 구입하신 서점에서 바꾸어 드립니다.